清水建宇
Tateo Shimizu

バルセロナで豆腐屋になった

——定年後の「一身二生」奮闘記

岩波新書
2051

はじめに

「What Are You Doing The Rest Of Your Life?」。私の好きなジャズ・バラードだ。「残りの人生を、あなたはどう過ごすの？」と訳せるだろうか。歌詞は「一つだけお願いがある。私と一緒に過ごしてほしい」と続く。

この歌を初めて聴いた一九八五年、私は三八歳だった。人生の折り返し点が見え始めていた。余生、老後など、人生の後半を表す言葉はいくつかある。だが、「残りの人生」には曖昧を許さない小気味よい直截さが感じられて脳裏に刻まれた。

同じころ、私は仕事の転機を迎えていた。新聞社で事件取材を長く担当し、東京の社会部でも警視庁記者クラブに所属して殺人などの凶悪犯罪を専門に追いかけていた。いつものように刑事たちの夜回り取材を終えて帰宅したところ、上司の警視庁キャップから「電話せよ」との連絡がポケットベルに表示された。「明日から「世界名画の旅」取材班へ配置換えだ」という。日曜版の二ページを使って名画にまつわる記事を書く仕事だ。

私は即座に三つの理由をあげて断った。①外国へ行ったことがない、②外国語を話せない、③絵画の知識がない。キャップもまた即座に反論した。①取材の方法は外国でも同じだ、②通訳がつくから言葉の心配はいらない、③知識がなければ学べばいい。

仕事の対象がいきなり殺人から絵画に変わって戸惑うばかりだったが、一つだけ心強いことがあった。ほかの担当記者たちも美術とは無縁の門外漢だったことだ。気を取り直して画集を眺め、本を読んだり研究者の話を聞いたりして準備を始めた。

渡航費用を節約するため、一度に五回分のテーマをまとめて取材する。私はセザンヌ、ジオット、プッサン、オキーフ、シケイロスの資料を抱えて、初めての海外へ旅立った。帰国すると二カ月かけて五本の原稿を書き、次の二カ月間でまた五本の下準備をして海外へ出かける。画家の祖国と美術館を訪ねるだけで取材が終わることはない。一年半の間に訪れた先は一五カ国の二一都市に及んだ。

「名画の旅」の仕事が終わって、どの都市がいちばん良かったかを考えた。答えはすぐに出た。バルセロナ。

マドリードでゴヤの『裸のマハ』を取材したとき、次回に備えてダリやミロの資料を探そうと、週末の二日間、訪れただけだった。それでも強烈な印象を受けた。街が美しく、食べ物がおいしいだけではない。アジアから来た異国の人という奇異の目で見られなかったのは、ここだけだった。自分も街に溶け込んでいると肌で感じることができた。

どうしてだろう。歴史をひもといて、おぼろげながら理由がわかった。バルセロナを州都とするカタルーニャでは、一三世紀には早くも身分制議会がつくられた。強い自治意識は中世からの伝統である。一八世紀には王位継承で異を唱え、フランスに占領された。

そして一九三六年には市民戦争(スペイン内戦)が起きる。バルセロナは共和派の拠点となり、王政の復活をもくろむフランコ将軍の反乱軍と熾烈な戦いを繰り広げた。この内戦は世界から注目され、国際旅団がバルセロナに駆けつけた。参加したヘミングウェイはのちに『誰がために鐘は鳴る』を書き、オーウェルは『カタロニア讃歌』を書く。

二年後、バルセロナは陥落した。死者は七万人を超えた。フランコの苛烈な軍事独裁によって多くの市民が処刑されたり投獄されて拷問を受けたりした。カタルーニャ語は禁止され、地名や通りの名が変えられ、伝統の音楽や祭りも禁止された。この弾圧は一九七五年にフランコが死ぬまで続いた。市民戦争とその後の弾圧を生き抜いた人びとはまだ大勢いる。語り継がれ、若い世代も熟知している。この街では「つい昨日のこと」なのだ。

だから市民の多くは「スペイン」を今も嫌っている。「旅行者よ、覚えておいてくれ、カタルーニャはスペインではない」と英語で書かれた大きな横断幕がサグラダファミリアに張られたのを見たことがある。自分の国籍を嫌悪せざるを得ない市民が大勢いて、彼らは心の中で「異邦人」になり、中南米やアジアやアフリカなどから来る人との境界はぼやけてしまう。そのために私を奇異の目で見ることが少ないのではないか。

歴史をひもといて、私の中でバルセロナはいっそう輝きを増した。私は四〇歳になっていた。「残りの人生」という言葉にもちょっぴり切実さを感じるようになっていた。

退職したらバルセロナに移り住みたい。そんな思いが芽生え、ふくらみ始めた。だが、独りで移住することはできない。勤続二五周年とやらで会社から「どこかへ一週間旅行して書類を提出せよ」と言われたのを機に、カミさんとスペインツアーに参加した。バルセロナでは、市場でイチゴを買い、食べながら商店街を歩いた。野菜や果物、チーズやワインも豊富で安いことに驚いた。ガウディのグエル公園では辻音楽師のバイオリン演奏に聞きほれた。「この街なら住んでもいいわ」が彼女の結論だった。

旅の目的は果たされたが、私は別の問題に直面した。アジア系の食材店を訪れると、味噌や醤油などの調味料とともに、中国の人がつくったと思われる豆腐も売っていたのだが、日本の豆腐とは違う代物なのである。製造日も消費期限もはっきりしない。見た目も堅そうだ。冷ややっこや湯豆腐で食べることなど、私にはできない。

移住というからには何年間も暮らすことになる。最大の問題は食べ物だ。私は豆腐や油揚げ、納豆が大好きで、それらを何年間も我慢することはできそうにない。

では、どうするか。いくら考えても答えは一つしか思い浮かばなかった。

――バルセロナで豆腐屋になる。


豆腐の作り方や製造機械の資料を集め、原料の大豆が入手できるか、凝固剤などを運べるか、調べてみた。開業に必要な資金の額も、おおざっぱながら試算した。思いつく限りの問題をチェックした結果、「できる」と判断した。

街のお豆腐屋さんはほとんど男性が豆腐をつくり、女性が売り場を担当している。カミさんに相談すると「売り場を引き受けてもいい」と言う。計画の骨格ができた。

定年が数年後に迫ったころ、大学生の長男と中学生の長女、次女に「父さんと母さんは定年退職したらバルセロナに移り住んで豆腐屋になる。だから君たちは学校を卒業したら家を出て自活してほしい」と告げた。子どもたちはしょっちゅう話を聞かされていたので、三人ともさほど驚かなかったようだ。長女は「豆腐アドベンチャー」と命名してくれた。

そう、これはまさしくアドベンチャー、冒険だ。ヒマラヤに登ったりアマゾン川を下ったりすることだけが冒険ではない。なけなしの資金を費やし、住んだことのない国で、やったことのない仕事に挑戦することも、たいへんな冒険のはずだ。

定年が近づくと、会社の同僚や上司にも「バルセロナで豆腐屋になる」と言いふらした。みんなに知られれば、もう冒険をやめることはできない。「一年延期して慎重に検討したら」と助言してくれた友人がいたが、それでも私の思いは変わらなかった。

先延ばしすれば、決意が萎えてしまう。大江健三郎さんの本にある「見る前に飛べ」でないと、とてもやれないと思った。

二〇〇七年秋、定年退職し、その直後から開業準備に追われる日々が始まった。スペイン語学校に通う。豆腐屋さんで修業し、中古の製造機械や道具を買い集める。バルセロナで店の物件を探し、改装工事を発注する。労働居住ビザ取得のための手続きを進める。……

豆腐屋を開いたのは二〇一〇年四月、私が六二歳のときである。

それから一四年の歳月が過ぎた。

目　次

第1章

一身《いっしん》にして二生《にしょう》を経《ふ》る

熟年向けの季刊誌を任されて

住んだことのない国で、やったことのない仕事をする。バルセロナで豆腐屋になると決意はしたものの、ぼんやりとした夢想のままだった。この企てに太い心棒が入って、ぐらつかないようになったのは、伊能忠敬の生涯に触れてからである。

私は四五歳のときに新聞をつくる編集局から出版局の週刊朝日編集部に異動した。同じ活字媒体であるけれど、新聞は一日に何回も締め切りがあるのに対し、週刊誌は週に一回しかない。仕事の段取りや進め方がまったく違った。

いちばん驚いたのは、毎週の編集会議の冒頭で、編集長が前号の実売率を厳かに告げ、部員がその数字に一喜一憂する姿だ。売れたか売れなかったかが仕事を評価する最も重要な基準だと、一人ひとりがわきまえている。新聞の編集局では考えられない光景だ。

三年後、私は新しい媒体を開発する部門を任された。私自身が週刊朝日別冊として創刊にかかわった『大学ランキング』などの受験誌、新しいテイストの自動車月刊誌、コミック、それに私の提案で「熟年向けの季刊誌」を加えてもらった。

すでに若者の活字離れ、少子高齢化の深刻さがいたるところで喧伝されていた。私自身も属している団塊の世代が五〇代を目前にしていた。出版業界にとって、熟年向けが最後の拠りどころとなる大きな市場であることは明らかだったが、雑誌では小学館の『サライ』が独走し、ほかにはさして見るべきものがないという状況だった。

企画を認めてもらったが、あくまでも「試しにやってもよい」ということでしかない。自動車雑誌とコミックは専従の社員に任せ、私は受験誌を片手間でやりながら、ほとんどの時間を熟年誌に注いだ。

誌名はスワヒリ語で「ありがとう」を意味する『ASANTE《アサンテ》』。A4判の一八〇ページで、やさしい手触りにするため、和紙に似た感じの特殊な紙を表紙に使った。対象は五〇代の男性と女性。マスコットに小鳥のシジュウカラを使おうと思って鳥類図鑑をみたら、なんとゴジュウカラという小鳥もいることがわかった。市街地でも見かけるシジュウカラと違って、こちらは田園を好み、素早く枝を伝い降りる特技を持つ。熟年誌にふさわしい感じがして、これをマスコットにした。

編集部といっても私とフリーの女性編集者の二人しかおらず、出版プロダクションの力を借りなければならない。二冊目の夏号で「転身！　第2ラウンド」という特集を載せることを決めた。人生の途中で新しいことに挑戦した人びとを紹介する内容だ。記事と写真を旧知の佐藤嘉尚さんが主宰する「アワ・プラニング」に依頼した。

伊能忠敬の生き方に目をみはった

佐藤さんは一九七〇年代に月刊誌『面白半分』を創刊し、吉行淳之介、開高健、遠藤周作氏ら著名な作家を交代で編集長に迎えて注目を集めた人である。野坂昭如氏が編集長のときに載せた永井荷風作とされる小説「四畳半襖の下張」がわいせつ文書に問われ、野坂氏とともに最高裁まで争ったことでも知られる。私より四つ年上で、ご本人も熟年の真っ盛りだった。

その佐藤さんから特集の原稿を受け取った。巻頭の記事は「遅咲きの大輪――伊能忠敬」。前文に「伊能忠敬は〝超高齢化社会の星〟」とある。伊能忠敬が日本地図をつくった偉人であることはもちろん知っていたが、生い立ちや、地図をつくり始めるまでの半生はまったく知らなかった。佐藤さんの原稿を食い入るように読んだ。

――忠敬は一七四五年二月、千葉県の九十九里町で生まれた。八代将軍吉宗の最後の年にあたる。六歳のときに母を失い、入り婿だった父親が兄と姉を連れて家を出たため、末っ子の忠敬だけが祖父母のもとに残されて、海辺の納屋で寝起きした。

一〇歳になって、ようやく父親に引き取られた。向学心が強かったのだろう。一二歳のときに茨城の某寺で僧侶から数学を習い、その後、医師について経学や医学も学んだ。

一七歳のとき、佐原《さわら》村の大地主であり、酒やみそ、しょうゆの醸造、米・薪問屋、廻船業などを営む伊能家に見込まれて婿養子になった。伊能家の一人娘であるミチは数年前に婿を迎えていたが死別したため、忠敬は後添えの跡取りとして婿入りしたのだった。

忠敬は江戸に薪問屋を出すなど家業を拡大し、名主を命じられて村の行政にもかかわる。浅間山の大噴火や利根川の洪水で村は大きな被害に見舞われたが、忠敬は住民に米を配り、堤防修復にも力を注いだ。そうした功績を認められ、のちに名字帯刀を許された。

家業の業績を上げ、四九歳で隠居するときの伊能家の財産は一説によると三〇万両、いまの貨幣価値でおよそ七五億円にのぼったといわれる。有能な事業家として前半生を終えた。

この豊富な資産が、第二の人生に有利に働いたことは間違いないだろう。忠敬は江戸に移り、暦学の権威とされていた高橋至時《たかはしよしとき》のもとで勉学に打ち込んだ。その学費や生活費、天体観測や測量に使う機器にも莫大な費用がかかったはずだが、何の心配もなかった。

そればかりか、地図づくりのための測量旅行の費用も、奥州と蝦夷地を調べた一八〇〇年の第一回から一八〇三年の第四回まで、ほとんどを忠敬が自腹を切って負担した。地図作成が幕府の直轄事業となり、正式な予算が計上されるのは五回目からである。

忠敬は一六年間に通算一〇回の測量を行い、全国を徒歩で調べた。歩いた距離は四万三七〇七キロ。地球一周分にあたる。当時の平均寿命は四〇代半ばとみられるが、七三歳まで生きた。

頭に突き刺さった「一身二生」

井上ひさしさんは、この忠敬の人生を小説『四千万歩の男』で描いた。その前書きの言葉が佐藤さんの文章に引用されている。

「平均寿命がびっくりするほど延び」「現在では、たいていの人が退職後も二十年、三十年と生きなければならなくなってしまった。人生の山が一つから二つにふえた。われわれの大半が「一身にして二生を経る」という生き方を余儀なくされている」。

「一身にして二生を経る」という言葉が私の頭に突き刺さった。

この言葉のことを、もっと知りたいと思った。

知りえた限りでは、福沢諭吉が「文明論之概略」で書いたのが初めてのようだ。

「方今《ほうこん》我国の洋学者流、その前年は悉皆《しっかい》漢書生ならざるはなし、〔……〕恰《あたか》も一身にして二生を経るが如く、一人《いちにん》にして両身あるが如し」

(このところの我が国の洋学者たちは、ことごとく以前は漢学を学んでいた人たちである。まるで一つのからだで二つの人生を生きるかのように、一人の中に二人いるかのように)

福沢諭吉は、明治維新の前と後とで学問や研究が様変わりしたことを言おうとしているのだろう。国家や社会の仕組み、衣服、髪型までも一変した明治維新にあっては、学問や教育も変わらざるを得ない。漢籍を捨てて洋書を読む学者ばかりになった、と。

同じような変化は終戦後にも起きた。戦前と戦後とで日本の社会、政治、経済、人びとの暮らしが様変わりした。戦前と戦後を生き延びた人たちの多くが、望むと望まざるとにかかわらず「一身にして二生を経る」体験をしたことだろう。

しかし、井上ひさしさんが伊能忠敬を評して書いた「一身にして二生を経る」は意味が違う。忠敬は時代の激変という奔流にもまれて二つの人生を生きたわけではない。前半生と後半生の生き方は、あくまでも自分で選んだものであり、それぞれを生き切って、みごとに夢を成し遂げた。だから、高齢化社会にあって、忠敬が輝くのだ。

熟年誌は次の「秋号」で休刊にした。試行プロジェクトの役割は終えたと判断した。ただ、伊能忠敬はほどなくブームになった。江戸東京博物館で大がかりな「忠敬と伊能図」展が開かれ、一一万人が訪れた。用意した図録は売り切れた。さらに、忠敬が自分の歩幅で測量した道を二年がかりで歩く「伊能ウォーク」が全国で多くの参加者を集めた。記事を書いた佐藤嘉尚さんは展覧会の図録の再出版、伊能ウォークの世話役や記録の編集など、たくさんの仕事を抱え込んで、しばらく多忙をきわめた。

私の中でも忠敬の「一身二生」がずっと頭に突き刺さったままだった。折に触れて思い出し、自分と引き比べた。

日本の地図をつくるという大事業に比べれば、バルセロナで豆腐屋をやることなど、なんとちっぽけで、ささやかな企てだろう。忠敬ほどの資産は到底持てそうにないが、そのかわり江戸時代にはなかった年金という制度がある。豆腐屋が失敗しても、日本に戻ってつつましく暮らすことはできる。墜落したときの安全ネットが、ちゃんと張られている。それなのに突拍子もない冒険などと思い込み、ぐずぐずと無為を続けてきたことが恥ずかしくもあった。

預金をすべてスペインの銀行へ

忠敬のおかげで、フニャフニャとした夢想に、太い心棒が打ち込まれたというか、土性骨《どしょうぼね》を叩き直されたというか、そんな気分になった。

日々の仕事があるから、やれることには制約がある。それでも「一歩を踏み出した」と思えることを、何かやれないだろうか。思案した結果、バルセロナで豆腐屋を始めるための資金として、いまある銀行預金をすべてスペインの銀行に預けることにした。

スペインには国際的に金融事業を行なっている大きな銀行が二つある。サンタンデール銀行とビルバオ・ビスカヤ・アルヘンティーナ銀行(略してＢＢＶＡ《べ・べ・ウヴェ・ア》)だ。どちらも東京に支店があり、スペイン・ペセタでの預金を受け入れていた。

サンタンデール銀行を選び、支店を訪れて口座をつくった。理由を問われて「バルセロナに移住したいので」と答えると、窓口の人は「オリンピックがあったので、バルセロナはいま景気がいいですよ」と微笑んだ。その口座に日本円を送金し、ペセタで表示された預金証書を受け取った。ペセタは安かったので、思いのほか大きな数字だった。

とはいえ、銀行を変えたというだけのことである。いつでも引き返すことができる。腰の引けた「一歩」だが、それでも一センチくらいは前へ進んだような気がした。

それからほどなく、サンタンデール銀行から「東京支店の閉店のお知らせ」が届いた。「日本は将来性が乏しいので、当社はより将来性の高い国に経営資源を振り向けたい」という趣旨のことが書いてあった。そのころの日本は世界で二番目の経済大国である。将来性が乏しいと言われて驚いたが、よく考えると、日本が先細りであることは否定のしようがない。

バブルが崩壊してから出生数が下がり続けている。結婚をあきらめた人、結婚しても子どもをもたない夫婦が増えたからだ。「就職氷河期」という言葉もできた。日本は若者に希望を与えられない国に成り下がった。そんな国に将来性があるとは、とても言えないだろう。

「閉店のお知らせ」には、希望すれば同じスペインの銀行であるBBVA東京支店に口座を移すことができる、と書いてあった。すぐ口座を移した。

週末は両親の介護に通った

私は五〇歳になった。また部署が変わり、深夜まで帰宅できない生活が続いた。そのうえ、週末は母を介護するために車で一時間ほどの木更津へ通うようになった。

木更津は父の賢一の先祖伝来の地である。父が育ったころは猫の額のような畑を耕し、子だくさんの家族が狭い家に肩を寄せて暮らした。父は尋常小学校を出ると、ほどなく北海道の遠い親戚に引き取られ、警察官になった。函館市で母と結婚し、女児を二人もうけたところで出征し、満州へ行った。復員後、警察の仕事に戻り、私と妹が生まれた。

父親は仕事一途で近寄りがたく、私たち四人のきょうだいは母の影響を受けて育った。母は函館市にあるキリスト教系の遺愛女学校で学び、音楽や美術など芸術はなんでも好きだった。それらに関する本や雑誌がいつも家の中にあった。

父は警察官を定年退職した後、自動車学校の仕事をした。それも終えると、生まれ故郷の木更津に戻り、自宅を建てた。しばらくは母との穏やかな暮らしが続いたが、母が転んで脚を骨折する事故を繰り返し、父ひとりでは世話をすることができなくなった。

私の出番である。まず、木更津市内にある介護老人保健施設に入ってもらった。作業療法士や理学療法士らによるリハビリが中心で、母のように骨折して歩けなくなった人が入所する。しかし、自立支援が目的なので、長くても六カ月程度しかいられない。

母の脚は良くならなかった。それどころか、最初は歩行器を使って自分でトイレに行くことができたのに、車いす生活となった。特別養護老人ホームへ入所を申し込んだが、順番待ちで、しかも後ろのほうだった。「何年か先になりますよ」と言われた。

やむなく民間の老人ホームを探し、まず隣の袖ケ浦市の施設に、次いで木更津市の施設に入居してもらった。父は自宅で自立して生活することができたが、見守りが必要だった。姉たちと妹が足しげく通って世話をした。週末は私が母と父の当番をした。

私はずっと習志野市にある住宅公団の賃貸住宅で暮らしていたが、五五歳になったとき、船橋市内のマンションを購入した。初めてのマイホームである。子どもたちが大きくなり、公団住宅では手狭になったからだ。定年までの残り時間は少ないが、バルセロナへ移住するときは売却すればいいと考えた。

しばらくして母を船橋市内の療養型病院へ移した。自宅から徒歩で行くことができる。何よりも病院であることが安心だった。しかし、母を連れて入院手続きをする際、医師から「誤嚥性肺炎の危険が大きいので経管栄養にしていただきます」と強い調子で言われた。

高齢者は食べたものが誤って気管に入り込んでしまい、肺炎を起こす恐れがある。だから鼻から胃にチューブを通すなど、濃厚な流動栄養食を胃に送る方法が採られる。安全だが、食べられなくなるということは、ただ一つの喜びを奪われるに等しい。母は黙ってうなずいた。むごい決断をさせてしまった。

病院へ見舞いに行った日は、経管栄養が終わると、必ず車いすに乗せて庭に連れ出し、外の空気を吸ってもらった。病室へ戻ると、母はいつもコイン式のテレビに百円玉を入れて番組を見た。一年ほど経ったころ、病室に戻ってテレビをつけたら、誕生後まもない秋篠宮家の長男悠仁さまが退院するニュースが流れ、母は「大きくなったね」と言った。それが私の聞いた最後の言葉になった。翌朝早く、病院から「危篤」の電話があり、すぐ駆け付けたが、すでに意識がなかった。八六歳だった。

「残りの人生を悔いのないように」

父は自宅で寝起きし、姉たちと妹が交代で世話をしていたが、母の名前で申請していた木更津市の特別養護老人ホームの入居枠が空いたので、父に入居してもらった。

個室でトイレ付き。ゆとりのある広さで、電動ベッド、冷蔵庫、テレビ、それに家族のための椅子が三脚おかれている。父も気に入ったようだった。平日は姉たちと妹が通い、週末は私が車で迎えに行って、自宅で一緒に過ごした。

バルセロナで豆腐屋をやる計画は伝えてあった。「一緒にバルセロナへ行くんだよ」と話すと、父は「そうか」というだけで、それ以上の会話に進むことはなかった。

私はバルセロナに父を連れていくことにあまり不安を感じなかった。父は幼いころに六キロ離れた小学校に毎日駆け足で通い、雪が積もった日は竹馬で走ったことが自慢だった。そのおかげで足腰が強く、自分でトイレに行けたし、風呂にも入ることができた。バルセロナで自宅の留守番をすることはできるだろう。休日には街を散歩することもできるだろう。

母の介護を体験して、自分でトイレに行けるということこそが高齢者の自立なのだと、私は痛感していた。父は自立しており、それは続きそうに思えた。

しかし、数カ月後、衰えが目立ち始めた。大好きだった酒が飲めなくなり、代わりに所望するようになったお菓子も、やがて手をつけなくなった。老人ホームの職員は、夜間にトイレに行けなくなることを心配し、紙おむつを薦めた。しかし父は拒否し、ベッドからトイレまでの間に椅子を並べてくれと頼んだ。三つの椅子の背もたれをつかんで体を支え、伝い歩きでトイレに行くのだという。伝い歩きはしばらく続いた。

九月一五日の朝、老人ホームから電話があった。自室のトイレの手前、二つ目の椅子のそばで倒れているのを職員が発見したという。九三歳。「自立」を貫いての死だった。自分も最期はこのようでありたいと思った。母が亡くなって、ちょうど一年後だった。

姉たちと妹も駆け付け、四人で父親の体を清め、衣類を整えて納棺の準備をした。作業が一段落したとき、上の姉が言った。「母さんと父さんは、私たちに自由をくれたのよ。残りの人生を悔いのないように生きなくてはね」。

姉の言葉は私の背中をドンと押した。バルセロナの豆腐屋への道がいきなり目の前に開けて見えた。定年退職の日が三〇日後に迫っていた。

「後ろ髪」の最後の一本が抜けた

父の葬儀を終えると、私はまた会社に通った。有給休暇が六〇日以上は残っているはずであり、定年まで休むこともできたが、仕事を続けた。退職する前日、コラムの原稿を書き、退職当日はそのゲラに目を通した。

夕方、会議室で送別会が開かれ、私は覚えたてのスペイン語で「テンゴ・セセンタ・アニョス(私は六〇歳です)」とあいさつし、温かい拍手をもらった。最後の原稿のゲラをポケットに入れて帰宅した。

会社を辞めたら時間がゆっくり流れるように感じた。朝寝坊も夜更かしも思いのままだ。一日中、家の中でごろごろしてもいい。自宅の窓から見るありふれた風景も、新鮮に思える。穏やかな日常にひたりながら、あらためて豆腐屋になることを考えた。

私は「一身一生」の生き方を否定するつもりはまったくない。磨き続けたスキルや蓄積した知識は、同じ仕事を続けてこそ役立つ。若い人たちにそれを伝授することもできる。美しく、気高い生き方だと、心から思う。でも、私はそれとは違う道を歩もうとしている。

「後ろ髪を引かれる思い」という言葉がある。未練や心残りがあるときに使う。書くことが好きであっても、スキルや才能に恵まれていたわけではないので、私には未練がましい気持ちはないはずだが、退職する前日まで原稿を書き続けた自分の中に、何か吹っ切れないものがあるのかもしれないと思った。もやもやした気持ちをわずかでも抱えたままバルセロナへ行きたくない。「後ろ髪」の一本も残らないように始末しておきたかった。

私が通い始めた東京・千代田区のスペイン語学校から歩いて一〇分ほどのところに株式会社ジェイ・キャストがあった。社会部の先輩である蜷川真夫さんが設立し、独立系のネットメディア「J-CASTニュース」を運営している。自社のサイトでニュースを配信するだけでなく、ヤフーやグーグルなどにも記事を提供する。

将来はネットメディアが主流になると言われていた。すでに媒体別広告費でラジオがネットに抜かれている。次は雑誌、やがては新聞、テレビも抜かれるだろう。ネットメディアの内側をのぞいてみたい。蜷川さんに「三カ月間だけ、ボランティアで手伝わせてほしい」と頼んだ。午前中はスペイン語を習い、午後はネットニュースの仕事をするのが日課になった。

いちばん驚いたのは、読者からのコメントを無制限に載せられることだ。「コメント」欄をクリックすればだれでも読むことができる。嫌煙権をめぐる論争では数日で一〇〇〇件近いコメントが寄せられた。そのすべてに目を通したが、堂々たる論も少なくない。

新聞やテレビは情報を流すだけの一方向メディアだが、ネットニュースは情報の送り手と受け手を対等に結ぶ「双方向メディア」になっている。

私がいた間に、J-CASTニュースのページビューは増え続け、ついに大手通信社のニュースサイトを抜いた。その急成長ぶりそのものがニュースになった。

しかし、私自身はパソコン音痴でネットもよく知らない。録音はカセットテープ、携帯電話は通話するだけのガラケーだ。ワープロソフトも日本発の「一太郎」しか使えない。調べものはもっぱら新聞社の調査部で切り抜きのファイルに頼っていた。

自分という人間は、紙とアナログにひたり切った「旧世代」だなと痛感した。ネットメディアの大きな将来性を十分に理解したが、そこに私の居場所はないと判断せざるを得なかった。

「後ろ髪」の最後の一本が抜けたように感じた。

第2章

「失敗したって、たいしたこたぁないよ」

まず引っ越し

退職後も記者の仕事を続けるという、髪の毛一本ほどの可能性に踏ん切りをつけて、迷いはなくなった。バルセロナの豆腐屋になる道を一歩ずつ、まっすぐ進むしかない。最初にやったことは引っ越しである。

豆腐づくりを学ばねばならないが、午前五時には店に到着しなければならず、バスも電車も動いていないから自転車で通うことになる。木更津市では自宅から自転車で通えるところに豆腐屋がなかった。前に住んでいた習志野市には大きな団地がいくつもあり、周辺の商店街に四軒の豆腐屋があった。修業の間だけ仮住まいすることにした。

自宅のマンションは売却するので、大きな家具や取材で集めた大量の資料などは父から相続した木更津市の実家に送った。昔は農家だったので敷地が一〇〇〇平方メートルあり、父が建てた家も二世帯向け住宅なので大きい。荷物は難なく収まった。

当面の生活に必要なものは、習志野市の公団住宅で借りた2DKに運び込んだ。洗濯機、炊飯器、テレビ、食卓などがあれば、なんとか暮らせる。三人の子どもたちは独立していたので、二〇年近く飼っているオス猫と、新参のチワワ二匹を連れて夫婦で移り住んだ。

マンションには五年間しか住まなかったが、思い出はたくさんある。入居してすぐ管理組合の役員を引き受け、副理事長になった。二〇階建ての高層建築で、五一一世帯が入居し、一〇〇〇人を超える住人がいる。住民だけで新たに町内会を創設し、私が町会長になった。

理事会が決めたことに加え、市役所からの連絡も各戸に伝える必要がある。私は月刊のマンション新聞を出すことを提案し、承認された。サイズはA3判。話題や住民の声も取材して載せた。プリントアウトのコピーを全戸の郵便受けに入れてもらった。

新聞は好評だった。理事会で「これがあるなら、お祭りなども自力でやれるのではないか」という声が上がった。イベントは業者に委託し、その費用を予算に組んでいる。住民が自力でやれば委託費を修繕の積み立てに回すこともできる。

その年のクリスマス行事で協力を呼びかけたら四〇人が手を挙げてくれた。みんなで子ども向けの上映会、トン汁の無料サービスなどを分担した。どれも大賑わいで、最後のビンゴゲームには住民の九割が参加した。餅つき大会も夏の納涼祭りも自力でやり遂げた。

三年後、週刊誌の「首都圏の値上がりマンション」特集で、私たちのマンションがベスト10に入った。このマンションを出ることは、仲間たちと別れることでもある。新聞は引き続き役員が手分けしてつくってくれるというので、私は安心して建物を後にした。

最初の修業では見学するだけ

習志野市の公団住宅で荷ほどきを済ませ、豆腐屋を探し始めた。足は自転車である。

一軒目では「作業場が狭くて自分が動き回るスペースしかない」という理由で断られた。

二軒目は、油揚げをつくっていないというので、わけを話して失礼した。私は豆腐だけでなく油揚げも大好きだ。味噌汁に欠かせないし、おでんの巾着は大好物である。

豆腐を薄く切って揚げると油揚げになると勘違いしている人が多い。私も豆腐の教科書を読むまではそう思っていた。しかし、油揚げの生地は、豆腐よりもはるかに薄い豆乳でつくる。凝固せず、無数の小片が浮かんでいる状態にしてから水を抜き、型箱で固める。それを短冊状に薄く切り、最初は低温で、次に高温で揚げると、ふくらんでキツネ色になるのだ。だれでもつくれそうだが、微妙な勘どころがあって、ベテランの豆腐屋でも失敗することがあるという。これこそ実地に修業したいと思っていた。

次に訪ねたのは京成線の駅前にある豆腐屋だった。開業して五〇年近くになるという。修業させてほしいと頼むと、二つ返事で引き受けてくれた。「油揚げもつくっていますか?」と尋ねたら、「もちろんだよ、ウチの自慢だ」という。

修業には条件がついた。豆腐づくりは見学するだけ。道具を洗うことや掃除は指示にしたがってやること。大事な商品の製造を素人に任せるはずがない。私は承諾した。

ご主人は「ただし、あらかじめ承知してほしいんだが」と言葉を継いだ。「修業したいという人がもう一人いるので、その人と一緒に見学してほしい」という。

翌朝から修業が始まった。ご主人は奥さんに先立たれ、息子さんと二人で店を守っている。相弟子になる人は四〇代の男性だった。転職したいのだという。豆腐づくりが始まると、私たちは目を凝らして店主の動きを見つめ、メモに書いた。作業が進むにつれて、用が済んだ道具が次々と出る。それを二人で奪い合うようにして洗い、片付けた。

油揚げは難しい

豆腐を冷却用の水槽に沈めると、次にがんもをつくる。前日に残った豆腐や切れ端などを細かく砕き、目の粗い布で固く絞る。それにキクラゲなどの具材を加え、がんも練り機にかけて生地をつくり、手で丸めて揚げる。関東では大きながんもが一般的で、この店でもつくるが、「京がんも」と呼ばれる小さなものもつくっている。

ご主人の京がんもづくりはまさに神業だった。一個分ずつ生地をつまんで大きなまな板の上に並べる。二〇くらい並んだところで、一個分を左手に載せ、右手でくるっと回して、油槽に入れていく。二秒で一個のペースで、しかもきれいな球形になっていた。

油揚げは準備に時間がかかる。ご主人が薄い豆乳で生地をつくった後、息子さんが切り分けて板に並べ、一時間ほど重石をかけて脱水する。それから一枚ずつ低温の油槽に入れてふくらませる。ふくらませることを関東の豆腐屋は「伸ばす」と言う。

修業中に一度だけ、油揚げづくりに失敗したことがあった。ある日、息子さんが「父さん、今日は伸びないよ」と叫んだ。ご主人は揚げている途中の生地を見るなり「全部捨てろ」と言って、また大豆をすりつぶす作業からやり直した。五〇年近く豆腐屋を続けてきたベテランでさえも失敗することがあるのだ。油揚げづくりがいかに難しいかを痛感した。

一カ月ほど経ったころ、相弟子から「豆腐屋は難しそうだから、投資家に転身しようかなと思っているんです」と打ち明けられた。まもなくご主人にも告げて、来なくなった。

「とうふ」と「とうし」は一字違いである。しかし働き方はまったく違う。投資家はたぶん資料や本を読んだりパソコンの画面をにらんだりするデスクワークだろう。豆腐屋は全身を使う肉体労働だ。投資家はお客と縁がないが、豆腐屋はお客においしい豆腐や油揚げを売って喜んでもらえる。私は豆腐屋のほうがずっといいと思った。

一人だけでの修業がしばらく続いたが、三カ月経ったころ、ご主人から「別の豆腐づくりも知っておいたほうがいいでしょう」と言われ、習志野市内の豆腐屋を紹介された。

なんでも目分量が師匠の流儀

三河屋豆腐店は団地と隣り合った小さな商店街の入り口にある。私が暮らす公団住宅から自転車で七、八分。ご主人の鈴木光男さんは店の名が示すように愛知県出身で、修業時代から数えると豆腐づくりの経験はやはり五〇年近い。

自転車をこいで午前五時に三河屋に着くと、鈴木さんはすでに忙しく働いている。絹豆腐用の濃い豆乳はもうできていて、常連客が買いに来ている。この濃い豆乳で絹豆腐をつくるのが、

1. ひと晩水に浸けた大豆を通し桶に移す

2. 大豆を豆すり機に移す

3. 大豆がドロドロになって圧力釜に入る

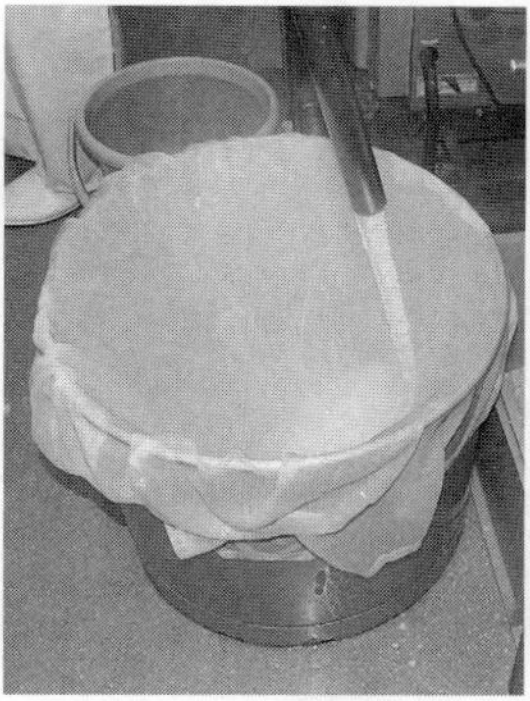

4. 絞り機から豆乳が出てくる

いつも修業の始まりだった。

まず絹豆腐の型箱を二つ置く。一つで四〇丁の豆腐ができる。鈴木さんは茶わんで凝固剤の粉末をひょいとすくい、型箱に入れて水で溶く。凝固剤の量をはかったりはしない。二つ目の型箱に凝固剤を入れるとき、私は「ちょっと待ってください」と言って、茶わんの重さをはからせてもらった。後でカラの茶わんをはかれば凝固剤を何グラム入れたかがわかる。

次に四角いプラスチックの容器に豆乳を移す。鈴木さんは大きなひしゃくで豆乳を汲み、容器に移す作業を繰り返すが、これも目分量だ。容器を持ち上げて型箱に豆乳を注ぎ込むと、豆乳は一ミリほどの余裕を残してきれいに型箱に収まった。注いだときの勢いで凝固剤と混ぜ合

5. 凝固剤を入れた絹豆腐の型箱に豆乳を勢いよく入れる

6. カッターで切れ目を入れた絹豆腐を水槽に放つ

わせる方法で「流し込み」と呼ばれる。

豆腐を凝固させることを、関東の豆腐屋は「寄せる」という。二〇分ほどで絹豆腐の寄せが終わった。この時間になると長男の淳一さんが店に着いていて、型箱の絹豆腐をカッターで八本に切り、型箱ごと水槽に沈める。型箱を持ち上げると、絹豆腐が水槽に移動する。

大きな圧力釜ではもう鈴木さんが入れた木綿豆腐用の大豆が煮えている。ひと晩水に浸けた大豆を、加水しながら豆すり機でつぶし、ドロドロの状態にしたものを「呉《ご》」と呼ぶ。それを圧力釜に移して煮る。煮えたなと思ったら、絞り機にかけて豆乳とオカラに分離する。

三河屋の絞り機は油圧式と呼ばれる旧式の機械だった。煮えた呉を袋に入れ、圧力をかけて

7. 木綿豆腐をつくる. ワンツーを沈め, 水に溶いた凝固剤を投入

8. ワンツーを上下させて攪拌《かくはん》する

絞る方式だ。途中で機械を止め、蓋をあけて袋ごと折りたたみ、また圧力をかける。鈴木さんは素早く折りたたむが、それでも「熱い！」と小声で漏らした。

淳一さんは国産大豆を使う高級品の準備を始めた。最初の絹豆腐と木綿豆腐は輸入大豆でつくった「お買い得品」だが、淳一さんは店の看板商品を担当している。やがて豆すり機が国産大豆をすり始めた。絞り機は鈴木さんの木綿豆腐用の豆乳を出し続けている。すべての機械が休みなく稼働して、工房は湯気が立ち込め、うわんうわんと音が充満した。

木綿豆腐用の豆乳ができあがった。鈴木さんは大桶を床の空いたところに移し、木の櫂《かい》でゆっくりかき混ぜた後、「ワンツー」と呼ばれる道具を持ってきた。直径五〇センチくらいのステンレス製の円盤に一〇ほどの穴をあけ、二本の腕木を取り付けたものだ。これを豆乳の上から押し込むと、穴から逆流して、一気にかき混ぜることができる。ふつうは水に溶いた凝固剤を入れた直後に二度上げ下ろしをするのでワンツーの名がある。

鈴木さんは茶わんに凝固剤を入れ、寄せの準備を始めた。私はまた「待ってください」と言って重さをはかった。鈴木さんは凝固剤を水に溶いて威勢よく豆乳に入れ、すかさずワンツーを二回上下させせた。最後は底から静かに引き上げ、豆乳が静止するようにした、

贅沢ながんもたち

木綿豆腐が固まるまで二〇分ある。鈴木さんは空いた時間を少しも無駄にしない。冷蔵庫から豆腐の切れ端や前日の豆腐を砕いたものを出して、がんもの準備を始めた。水にさらした後、布袋に入れて二枚の板に挟み、重石を載せる。

木綿豆腐の寄せが終わった。鈴木さんは木綿豆腐の型箱を置き、内側に布を張って水をかけた。大桶の豆腐を包丁で崩し、「ぼうず」と呼ばれる小さなひしゃくですくって型箱に入れていく。細かく崩しすぎると豆腐が堅くなるし、粗く崩して大きなかたまりが残ると豆腐に隙間ができてしまう。「この加減は、何回もやらないとわからないよ」と言った。

入れ終わると布をたたんで竹のすだれを載せ、さらに蓋をしてから重石を載せる。この重石は「レンガ」と呼ばれているが、実際にレンガをステンレスで覆ったものだと聞いた。豆腐の固さを確かめて水槽に移す作業は淳一さんが引き継いだ。

次は油揚げづくりだ。薄い豆乳をつくるため、水を多くした呉をつくり、圧力釜で煮始めた。油揚げの場合は釜の蓋をあけ、圧力をかけずに時間をかけて煮る。水分が多いので、絞り機にかけると、すぐ勢いよく豆乳が出てきた。

大桶に豆乳がたっぷりたまると、鈴木さんは小さなバケツに凝固剤を入れ、水に溶いた。こ

9. 桶の豆腐を崩し，ぼうずで型箱に盛り込む

のときも茶わんの重さをはからせてもらった。バケツを足元に置き、木の櫂で豆乳をぐるぐるとかき回す。桶から豆乳が飛び出すくらいの勢いになるまでかき回すと、バケツの凝固剤を投入し、すかさず櫂を突き立てた。豆乳の渦が急に止められて、激しく流動する。鈴木さんは櫂を静かに前後させて豆乳を静止させた。

油揚げの豆乳の凝固が進む間に、鈴木さんはがんもの具材を用意した。昆布とニンジンを細切りにし、戻した干しシイタケを刻む。がんもの生地を絞り袋から出し、具材と干しエビ、黒ゴマを加え、すりおろした山芋を入れて練り始める。贅沢な五目がんもだ。

ここからは奥さんが仕事に加わり、慣れた手つきで生地を丸め、油槽に入れていく。最初は低温で揚げ、中まで火が通ると、高温の油槽で二度揚げする。おでんのタネで、私がいちばん好きなのはがんもだ。つくるところを目の前で見て、ますます好きになった。

生地が残り半分ほどになったところで、奥さんは「変わりがんも」に取りかかった。刻んだネギを中に入れたり、チーズを中に入れたり、シイタケのかさに生地を盛ったりして揚げる。

そういうがんもは見たことがない。奥さんが「これはね、すごくおいしいのよ」と言った。私はネギ入りとチーズ入りを買うことにした。

焼酎入りの豆乳で休憩

油揚げのほうは寄せが終わり、木の櫂でかき混ぜると小さな豆腐の破片が浮かんでいる状態になる。破片を沈殿させて水を汲み出し、型箱に入れて大きなかたまりをつくる。淳一さんはひと抱えもある四角いかたまりを水槽に入れて、切り分ける作業をした。最初は大きなステンレス包丁で一二本に切る。これを「大裁ち」と呼んでいる。次に一本ずつまな板に載せ、包丁で小さな短冊形に切り、長さ一メートルあまりの竹のすだれに並べる。一枚のすだれに三六枚。この作業を「小裁ち」という。

すだれが五段重ねになった。上と下を板で挟んで床に置き、上に桶を載せて水を入れた。重石にするためだ。桶の直径と高さから計算すると八〇リットルくらいの水が入っている。つまり八〇キログラムの重石をかけたわけだ。

二、三〇分経ったところで、鈴木さんは桶を倒して水を床に捨てた。淳一さんと一緒に揚げ生地の固さを手で確かめ、すだれからはがし始めた。これを揚げるのも奥さんの仕事である。

10. 寄せた後の油揚げ用の豆乳．水に破片が浮いた状態．網で水を濾して汲み出す．

11. 型箱で固めた油揚げの生地を 12 本に切り分ける（大裁ち）

12. 油揚げの生地を薄く切ってすだれに並べる

13. 油揚げの生地を載せたすだれを板で挟み，80 kg の重石をかける

（写真 1.～13. は三河屋で筆者が再撮影）

一〇枚ずつ低温の油槽に入れ、取っ手のついた丸い金網で軽く叩いて、油の中に沈めながら伸ばしていく。伸びたら高温の油槽に移し、キツネ色に仕上げる。

お客が来る時刻になった。鈴木さんと淳一さんは水槽で冷やしてある豆腐を切り、一丁ずつパックに入れて包装機にかけ始めた。がんもや油揚げはポリ袋に入れた。

三河屋の売り場は、商店街に面した窓に棚をつけ、ガラスのショーケースを置いただけの簡素なものだ。一度に並べられる品数は多くない。豆腐は一〇丁くらいずつ、がんもや油揚げは五、六袋ずつ。だからお客が来るたびに補充する。油揚げはできたてを渡すこともある。

正午過ぎ、油揚げづくりが終わったところで休憩になった。奥さんが豆乳入りのコップとお菓子を持ってきて、みんなで味わった。豆乳には少しだが焼酎が入っている。「元気が出るように入れるのよ」と笑いながら説明してくれた。

私は自転車で帰宅し、まず風呂に入って汗を流してから、カミさんが用意した朝ご飯を食べた。ネギ入りがんもとチーズ入りがんもも味わったが、ほんとうにおいしかった。

修業の様子を話すと、カミさんは「良かったわね。でも独りでやりきれるの？」と心配顔でもあった。メモをノートに書き写しながら、確かにそこが問題だと思った。でも、全部できなくてもいい。豆腐さえつくれれば豆腐屋を名乗ることができる。そう割りきることにした。

いっぺんに二つのことを教えてもらう

二日目の朝、また自転車をこいで三河屋へ行った。初日と同じように、凝固剤の量をはからせてもらった。不思議なことに一グラムの違いもなかった。

木綿豆腐の豆乳ができあがったとき、鈴木さんはワンツーを見せて「やってみるかい？」と言った。売り物の豆腐の、しかもいちばん重要な寄せの作業をやらせてくれるというのだ。私は思わず「失敗したらどうしますか？」と訊いてしまった。鈴木さんは「失敗したって、たいしたこたぁないよ」と言った。私はびっくりした。

「やります」と答えたものの、緊張して体がこわばる。前日に見た鈴木さんのワンツーの持ち方、上げ下ろしのやり方を思い浮かべながら、まず素振りを繰り返した。

「その調子だよ」という声に励まされて大桶の前に立ち、水溶きした凝固剤を入れてから、すかさずワンツーを上下させた。豆乳の抵抗が想像していたより強くて、途中で少しよれた。二度目も腰が定まらなくて、勢いがそがれた。最後に静かに引き上げて豆乳を静止させると、鈴木さんは「押すときだけでなく、引き上げるときも攪拌《かくはん》しているんだ。いまのは最初の引き上げが弱かったね」と言った。

失敗したのだ。桶の中の豆乳が固まる様子を見るのが怖かった。鈴木さんは水溶きの凝固剤と木の櫂を持ってきた。「失敗したときは、こうするんだよ」といって、凝固剤を櫂に落としながら、桶の豆腐の上に垂らしていった。

二〇分後、鈴木さんが包丁を入れて具合を見たら、なんとかなりそうだった。包丁で崩しながら、型枠に豆腐を盛り始めた。最悪の事態はなんとかまぬがれたようだと、胸をなでおろした。

帰宅しても、木綿豆腐の寄せのことが頭から離れない。鈴木さんは今日、ワンツーのやり方と、失敗したときの対応と、二つのことをいっぺんに教えてくれたのだ。すごい師匠だと、つくづく思った。この次は力を込めて勢いよく押し、引き上げるときも全力でやろう。姿勢を変えながら、腕を上げ下ろしする練習をした。

師匠の三河屋・鈴木光男さん

全身をセンサーにして

三日目も木綿豆腐の寄せをやらせてくれた。今度はうまくできた。ワンツーを押し込んだときも引き上げたときも、豆乳が桶の中で激しく流動して、凝固剤と混ざり合うさまを思い描くことができた。鈴木さんは「この感じはやってみないとつかめないんだよね」と言った。

手のひらが受けた圧迫感や、腕や胸の筋肉の張り具合を、からだに記憶させ、作業をするたびにその記憶を重ねていく。何かを手づくりする仕事では、そんなふうにして覚えなければならないことがたくさんあると痛感した。

型箱に豆腐を盛り込む作業もやらせてもらった。豆腐の破片がほどよい大きさになるように気をつけながらすくう。ときどき「大きすぎるよ」と声が飛ぶ。あわてて崩し直す。

布をかぶせ、ステンレスの蓋をして重石を載せる。重石をかける時間が長すぎると豆腐が固くなる。短すぎると破片がほどけて崩れやすくなる。ほどよい固さで、しっかりした木綿豆腐になったかどうかを確かめるには、蓋を外して、布の上から手で押してみるしかない。

鈴木さんは手を当てて「これでいいかな」と言った。私も手を当てて押してみた。豆腐の弾力で手がはね返される感じを覚えなければならない。

油揚げの生地の固さは親指と人差し指で押して確かめる。がんもの生地は練っている途中でヘラを突っ込み、その手ごたえで判断する、大豆の煮え具合は湯気のにおいでつかむ。青臭いにおいがするうちはまだ煮えていない。甘いにおいがするようになればできあがりだ。豆腐づくりは全身をセンサーにしてやる仕事だ。手ごたえやにおいは数字にできないから、書くこともできない。途中からメモ帳とペンの出番はなくなった。

二週目に入ると油揚げの生地のかたまりを切り分ける作業を任せてもらえるようになった。先生役の淳一さんは水の中で「大裁ち」をするが、私には無理なので、大きなまな板に載せて、物差しではかって切った。それを短冊に切り分けるときは親指の爪を物差し代わりにして厚さをはかった。時間はかかったが合格点をもらった。

がんもを揚げるのも、油揚げを揚げるのも任せてもらった。先生は奥さんである。油揚げの生地を低温の油槽に入れると、生地の周囲からふくらみ始める。ふくらみのかすかな兆候を見てでき具合を予測する。丸い金網で上から叩くと、だんだんふくらんで生地の背中が丸くなってくる。

「はい、移して」。一枚ずつ太い箸で持ち上げ、高温の油槽に入れる。キツネ色になったら箱に入れて冷ます。そのときはもう低温の油槽の中で次の生地がふくらみ始めている。揚げる作業は休みなしだ。ひっきりなしに箸と金網を動かす。

三カ月間の修業中、三河屋では一度も油揚げの失敗がなかった。しかし、鈴木さんによると豆腐屋に広く言い伝えられているジンクスがあるのだという。「油揚げがうまくできた日は客が来ない、というんだよ」。やっぱり難しい作業なのだ。

そのうち、付きっきりの先生がいなくなった。それぞれ自分の仕事に集中して、私の指導まで手が回らないのだろう。考えようによっては、私はもう三河屋豆腐店のスタッフの一人に昇格したのかもしれない。

三カ月が過ぎて、修業を終える日がきた。焼酎入りの豆乳とお菓子をいただき、励ましの言葉をもらった。私は「ありがとうございました」と頭を下げて、自転車に乗った。

第3章　不況のどん底こそ起業のチャンス

法律事務所と会計事務所を探す

三河屋での修業を終えて、いちばん高いハードルを越えたと思った。次のハードルはスペインでの労働居住許可と豆腐屋の営業許可を取ることだ。

東京のスペイン大使館には経済担当の部門があり、進出企業の相談に応じているが、バルセロナを州都とするカタルーニャ州は、他国の企業を誘致するための事務所を独自に持っている。東京・日比谷公園に近いビルの一室に、日本の事務所があった。正式な名前は「カタルーニャ州政府投資促進局・東京代表事務所」という。私が「バルセロナで豆腐屋を開業したい」と伝えると、林屋明夫所長は「それはいい。バルセロナで日本の豆腐を食べられるとなれば、日本の企業をカタルーニャに誘致するのにプラスになります」と歓迎してくれた。法人の設立や労働関係の法令を記載したパンフレットなどをもらい、詳しい説明を受けた。林屋所長によると、まずやるべきは良い法律事務所と会計事務所を探すことだという。「どこか紹介してください」と言ったら、これまでにカタルーニャ州へ進出した日本企業のほとんどを担当したエドワルド・ヴィリャ弁護士の事務所を教えてくれた。

ヴィリャ弁護士は日本の大手法律事務所に在籍したことがある。日本人女性と結婚し、夫人は事務所の仕事を手伝っているので、日本語で依頼や相談ができる。

私は目の前がパッと明るくなったように感じた。スペイン語学校の授業をまじめに聞いていなかったので、まったくと言っていいほど話せず、聞き取れない。通訳なしではもろもろの手続きを進められないのではと心配していた。さっそくヴィリャ法律事務所にメールした。すぐに弁護士夫人の土屋順子さんから返信が届いた。会計事務所も紹介してくれるという。二つ目のハードルも半分くらい越えたような気がした。

スペインの定期預金のおかげで

ただし、私たちが望む自営業の労働居住許可申請は条件がたくさんあるという。まず、法人を設立して一定以上の出資をしたほうが承認されやすい。スペインの法令に具体的な金額が明記されているわけではないが、出資額は「一二万ユーロ以上」が現在の相場だという。

次に、申請に際して豆腐屋を開く物件の賃貸契約書、物件を改装するための設計図、その設計図をバルセロナ市役所が受け取ったという証明書、改装工事をする建築業者との請負契約書を提出しなければならない。法人への出資金が「見せ金」のままで終わることがなく、資金がスペイン国内で実際に投資されることを求めているのだろう。

幸いなことに、私はすでにスペインの銀行に口座を持っていた。前述したように、伊能忠敬の生涯に触れて「一身二生」を知ったとき、預貯金のすべてをスペインの銀行の東京支店に預けた。最初に預けたサンタンデール銀行は日本から撤退したので、もう一つのBBVAに預金を移したが、そのBBVAも撤退した。ただし、日本で営業していた最後のスペインの銀行だったため、「希望者はスペインの当銀行に非居住者口座を開けます」と告げられた。

スペイン国内で銀行口座を開くことは容易でない。居住許可をもらい、納税者番号を取得する必要がある。「非居住者口座」は例外として特別な場合にのみ認められるのだ。私はもちろん希望し、バルセロナの中心部の支店に口座をつくってもらった。

預金したのは一九九六年だったので。もう一二年近く経過している。この間、スペインの一年ものの定期預金金利はおおむね五％前後で推移していた。複利で運用すると一二年間で一・八倍になる計算だ。しかもスペイン・ペセタでの預金が、二〇〇〇年からユーロに切り替わり、ユーロが強くなったので、為替差益を加えると二倍近くに増えただろう。

ＢＢＶＡのバルセロナ支店の預金は約二七万ユーロにふくらんでいた。法人の出資金を振り込んでも、おつりがくる。伊能忠敬のご利益だなと思った。

豆腐の製造機械は中古で

申請に必要な書類は豆腐屋を開く店舗が決まっていることが前提になっている。ということは、借りる物件を探すためにバルセロナへ行かねばならない。その前に時間がかかりそうな問題を片付けておこうと思った。

まず豆腐づくりに使う機械や道具を調達する必要がある。三河屋豆腐店に出入りしている機械の専門家の関根龍也さんと阿部栄さんに相談した。

私は師匠の鈴木さんと同じやり方で豆腐をつくろうと決意し、機械や道具も同じものを使うつもりだったが、煮えた呉を絞る機械だけは最新の方式に変えたかった。三河屋の旧式の油圧式では、途中で何度か呉を入れた袋を折りたたまねばならない。鈴木さんが熱い布袋をつまみ上げるたびに顔をしかめる姿を見て、私がやると手がやけどだらけになると思った。

最新の絞り機は、ステンレスのドラムに微細な穴をあけ、そこにスクリューで煮えた呉を押し込むと、穴から豆乳が出てくる仕組みだ。豆乳を最大限に取り出すことができ、歩留まりが格段に良くなる。オカラはパサパサの状態で出てくるので軽いし、処理もしやすい。ただし値段も高い。最も小型の、スクリューが一基のものでも一台が四〇〇万円もする。

もう一つ、豆腐の包装機にもこだわった。豆腐を入れたプラスチックの容器を、商品の名前や製造者、使った原材料などを印刷したフィルムで密封する機械だが、フィルムの文字がずれないように自動調節する装置をつけたい。製造日と消費期限の日付を印字するプリンターと合わせると、一台で四五〇万円もする。そんなにおカネをかけられないので、絞り機と包装機は中古を探してくださいとお願いした。呉を煮る大きな圧力釜や、豆乳を入れる大桶、絹豆腐と木綿豆腐の型箱、豆腐を冷却する水槽なども中古で集めてもらうことにした。

ヴィリヤ法律事務所によると、食品をつくる装置はステンレス製でないとカタルーニャ州政府の営業許可が下りないという。水に浸けた大豆をすりつぶす豆すり機はふつう鉄製なので、これだけはステンレス製の機械を特注した。

全国豆腐連合会（全豆連）によると、一九六〇年には全国で五万軒もの豆腐屋があったという。

それが五〇年後のこのときには一万軒あまりに減っていた。一年に約八〇〇軒ずつ廃業した計算になる。スーパーマーケットで豆腐を買う人が増え、小さな豆腐屋は苦境が続いた。親の苦労を見て育った子どもたちは店を継がなくなった。そうした理由による。だから中古の道具や機械はたくさん出回るのに、買う人はめったにいない。「良いものを安く買えますよ」。関根さんと阿部さんは請け合ってくれた。

ただ、いつ「良いもの」に出くわすかわからない。買い取った機械や道具を保管する場所が必要だ。私は国道沿いにレンタル倉庫を借り、その鍵を関根さんと阿部さんに預けた。

語学学校の同級生が同志に

マンションの仲介業者から「売れました、しかも買い値と同じ価格で」と連絡があったのはそのころだった。五年間住んだのに価値が下がらなかった。管理組合の努力のおかげだ。代金から、まずカミさんが負担した頭金を彼女に返した。一〇年の短期ローンだったので残債を清算してもかなりの金額が残った。会社の退職金は、半分を企業年金基金に預け、半分を一時金で受け取っていたので、マンションの代金の残りと合わせると、かなりの金額になる。

そのおカネで法人をつくることにした。法人名義で製造機械や道具などを購入し、スペインへ輸出したかったからだ。当時、法人を設立して海外で事業を行う場合、最初の一回に限り、輸出した資材の消費税が還付される制度があった。私の場合、最初の輸出額は一〇〇〇万円近くにのぼるから、その消費税は無視できない金額になると考えた。

本店の所在地は木更津市の自宅、名前は「株式会社東風」とした。東風と豆腐はローマ字表記だと「ＴＯＦＵ」で同じになる。ヨーロッパから見ると日本は極東なので、東からの風に乗って日本の食文化を伝えるぞ、という気持ちを込めた。

スペイン語学校に通い始めたとき、担任の先生は最初の授業で三〇人ほどの生徒全員に「なぜスペイン語を学ぶのですか？」と質問した。私は「バルセロナで豆腐屋を開くので」と答えたところ、後で同級生の矢部聡さんが「一緒に行きたい」と話しかけてきた。

矢部さんは東京でイタリア料理のレストランの経営を任されていたが、イタリアかスペインで自分の店を持ちたいと考え、語学の勉強をしていた。私はバルセロナの人たちに日本の豆腐の食べ方を知ってもらう方法を模索していたので、ありがたい申し出だった。

矢部さんと話し合った結果、弁当を売ることにした。フランスでは弁当がブームになっており、国境を接するカタルーニャでも受け入れられるだろう。矢部さんは豆腐ステーキなどのレシピを工夫し、私とカミさんは試食させてもらった。おいしかった。

矢部さんの妻の照美さんはグラフィックデザイナーである。豆腐をパック詰めするフィルムは製作に時間がかかるので、早めにデザインを決めておかねばならない。スペインの法令で記載を義務付けられている原材料、冷蔵の温度などの表記を法律事務所に確かめ、データを渡してデザインしてもらった。照美さんは「自然の色を生かしましょう」といって、木綿豆腐はグリーン系を、絹豆腐は柑橘類を思わせるオレンジ系を使い、二色のフィルム図案をつくった。そのデジタルデータを関根さんに送り、専門業者に注文してもらった。

弁当を売るとなると、専用の厨房をつくらねばならない。ガスコンロや冷蔵庫を置き、弁当を盛り付けるためのスペースも必要だ。日本から弁当の容器や業務用の炊飯器なども送らねばならない。米や野菜などの価格も下調べしておきたい。

やるべき課題を把握したうえで、私とカミさんは労働居住許可の申請準備や現地法人設立のためにバルセロナへ出発した。

現地法人の名前を決める

ヴィリャ法律事務所からは、渡航の際に必ずやらねばならないことを聞かされていた。現地法人をつくるには、私とカミさんの納税者番号が必要になる。ふつうは労働居住許可の承認と同時に与えられるが、その前に納税者番号を取得するために、バルセロナ空港に到着した直後、空港内の警察署で到着日時を記した証明書をもらってくれと指示されていた。

そんな複雑な話をスペイン語で警察に話す自信はまったくなかった。そこで、バルセロナに住んでいるただ一人の知人に助けを求めた。木津文成さんとは日本にいるときに取材で知り合い、木津さんがバルセロナに移住してからも文通を続けていた。後で知ったのだが、木津さんはカミさんと同じく佐賀市出身で、しかも県立佐賀西高校の同窓である。卒業年次はほんの少しカミさんが上なので、「先輩のために協力しますよ」と言ってくれていた。

夜九時過ぎにバルセロナに着陸する便だったが、木津さんは出迎えてくれた。一緒に空港の警察へ行き、到着証明書をもらうことができた。

翌朝、カミさんと二人でヴィリャ法律事務所を訪れた。中心部のグラシア通りにある立派な事務所だった。すぐ若い弁護士に伴われて政府の移民局で納税者番号をもらい、事務所に戻って法人の設立手続きをした。出資金は私が九万ユーロ、カミさんが六万ユーロで計一五万ユーロ。会社名は「TOFU ESPAÑA, S. L.」(スペインの豆腐有限会社)でお願いした。

しかし、ヴィリャ弁護士から連絡があり、この会社名では登記を拒否されたという。①「TOFU」という言葉はいまや知れ渡っているので会社名に使うことはできない、②小さな会社が「スペイン」を名乗ることは適切でない、という二つの理由による。

私はびっくりした。スペイン語の辞書には豆腐を「Queso de soja」(ケソ・デ・ソハ＝大豆のチーズ)と書いてあり、そう呼ばれていると思い込んでいた。しかし、その言葉はあまり使われず、みんな「TOFU」と言う。スペイン人が経営する豆腐工場が州内にあり、製品は「TOFU」の名で販売されている。見た目も食べ方も違うが、豆乳でつくる点は同じだ。

私はあきらめきれなかったので、ヴィリャ弁護士に「TOFU」は「東の風」を意味する日本語で、日本法人の名前であると説明した。また、「カタルーニャ州の」を意味する「カタラン」はどうですかと提案した。幸い「TOFU CATALAN, S.L.」で登記することができた。

「貸します」「売ります」の看板ばかり

次はいよいよ店を構える物件探しだ。

バルセロナ市は市域の人口が一六〇万人。姉妹都市の神戸市とほぼ同じだ。山を背にして海に面しているところもよく似ている。一九世紀の中ごろ、都市計画で中心部が碁盤の目のように整然とした街路につくりかえられた。だから迷わずに歩くことができる。

食べ物をつくる店には絶対的な条件があった。厨房やボイラーの蒸気を屋外に出す排気筒だ。

スペイン語で「サリダ・デ・ウモ（蒸気の出口）」という。建物の屋上の一メートル上まで太い鋼管で結び、管の途中に換気扇を設けて強制排気する。

この排気筒がない物件を借りた場合、建物内の居住者全員から排気筒設置の同意を取り付けて工事をしなければならない。時間がかかるし、一人でも反対されれば設置できない。

そのころのスペインは不景気のどん底である。通貨がユーロに切り替わると不動産バブルが起きて価格が三倍、四倍にはね上がった。建設工事がいたるところで活気づき、南米や中東から建設労働者が押し寄せた。しかし、この不動産バブルは二〇〇八年春、銀行の経営危機が表面化して破裂した。同じ年の九月に米国でリーマン・ショックが起きると、ダブルパンチで経済の混乱はいっそうひどくなり、売れ残った建物がスペイン中にあふれた。

バルセロナ市街（バルセロナ市役所の HP から）

カミさんと二人で街を歩くと、シャッターを閉じていく。「貸します」「売ります」の看板をかけた店が毎日増えていく。バルセロナの街区は一辺が一三〇メートルの正方形だが、ある街区を一周したら「貸します」「売ります」の看板が十いくつもあった。

借りる側にとっては、きわめて有利な状況だ。しかし、悲しいことにスペイン語をうまく話せないので質問も交渉もできない。

「ぜひウチを借りてくれ」

私たちは宿泊費を節約するため、郊外にある日本人経営のオスタルに泊まっていた。オスタルとは家族経営の小さな宿で、日本の民宿に近い。ある日宿に戻ると、若い日本人男性を紹介された。谷口達平さんは、ガウディ建築の美しい曲線を可能にした独特のレンガ積み技法に憧れて移住し、近郊の建築会社で働いていたが、不況で解雇されたという。

建築の専門家で、しかもスペイン語を話せる。私たちにとって願ってもない人材だ。豆腐屋を開く計画を伝え、仕事として物件探しに同行してほしいとお願いした。「交渉するにはぼくよりスペイン語の上手な人がいたほうがいい。ぼくの婚約者はすごく上手なので、彼女も加わっていいですか?」と達平さん。私は「もちろん」と答えた。

私たち夫婦と谷口達平さん、婚約者の小野寺あきさん、ときには木津さんも加わった「物件調査隊」は次の日から活動を開始した。碁盤の目の街区をひと筆書きでなぞるように歩く。「貸します」の看板を見かけると、近所の人に業種を尋ねる。レストランやカフェ、パン屋など食べ物をつくる店であれば排気筒を備えていると見てよい。しかし、「貸します」の看板はあふれているのに食べ物の店は多くなかった。

数日後、調査隊は中心部から少し離れた地域でレストランだった物件を調べた。広さも家賃も希望通り。有力候補に決めて外へ出たら、向かいのビルから男性が駆け寄ってきた。

「君たちは店の物件を探しているんだろう。ぜひウチの会社を借りてくれ」

引っ張られるようにして会社の中に入った。メルセデス、BMW、ジャガーなどの高級車が大理石の展示フロアに並んでいる。中古の高級車を販売してきたが、不況でまったく売れなくなったという。広さは一〇〇〇平方メートルもあるが、家賃は私たちの言い値でいい。排気筒はないが、「ビルの持ち主は一人で、すぐ同意してくれる」ということだった。

しかし、私はこの大理石の展示フロアで豆腐をつくっている自分を、どうしても思い浮かべることができなかった。「もっと中心部に近いところで見つけたい」と断り、ビルを後にした。社長さんは、立ち去る私たちをずっと見ていた。

「一年以上続ける自信がありますか？」

さらに数日後、何度も通ったアリバウ通りに新しい「貸します」の看板が出ているのを見つけた。以前は花屋だった物件だ。アリバウ通りは食べ物の店が多いことで知られている。行列のできるパン屋、ミシュランの星を持つレストラン、有名な小皿(タパス)料理の店、さらにギリシャ、レバノン、アルゼンチンなど珍しい料理の店も並んでいる。地下鉄の駅と州鉄道の駅に近く、六つの路線バスが走っていて交通の便もいい。

この通りに店を持てたらいいなと前から思っていたので、念のために建物の管理人に会うことにした。排気筒はないという。「でも、排気筒を設置することを承認すると管理組合が議決し、書類も作成済みです」と管理人は説明してくれた。私たちは色めきたった。すぐ「貸します」の看板に記された不動産業者に連絡し、中を見せてもらった。広さ一五〇平方メートル。天井までの高さが四・五メートルもあり、いっそう広く感じる。

翌日、賃貸契約の交渉をした。示された月額家賃は二三〇〇ユーロ。担当者は「前の花屋は八カ月しか続かなかった。すぐ出ていかれると不動産業者は辛い。あなたは一年以上続ける自信がありますか?」と言った。私は「一年以内に撤退したら一万ユーロの違約金を支払うから、家賃を下げてほしい」と強く迫った。担当者は上司に連絡し、二〇〇ユーロ引いてくれた。月額二一〇〇ユーロは当時の為替レートで約二七万円だ。日本で大都市の中心部にこの広さの店舗を借りたら、いくら家賃を取られるだろうか。うまく交渉した自信があった。

それとともに、不況のどん底だからこそチャンスに恵まれたと痛感した。ヴィリャ弁護士に報告すると「とても良い場所です」とほめてくださった。

カタルーニャには「Enginyer（エンジニア）」と呼ばれる建築技術者がいる。建築規制をすべて熟知したうえで設計し、各種の検査に合格させ、営業許可を取得するまでを請け負う。法律事務所の紹介でホセさんというエンジニアと契約し、工事する建築会社も決めた。ホセさんに物件を見てもらい、製造機械などの設備、弁当をつくる厨房の説明をした。

設計図ができあがるまでにやっておかねばならないことが、あと一つあった。蒸気ボイラーを見つけねばならない。

乾いた蒸気を出すボイラー

大豆をすりつぶした呉はドロドロの状態なので、直火で炊くと焦げやすい。だから多くの豆腐屋はボイラーから蒸気を釜に引き込んで煮る。三河屋にも大きなボイラーがあった。しかし、ボイラーは日本から欧州への輸出が禁じられているという。

ボイラーなしで豆腐をつくることはできない。谷口達平さんと一緒にボイラー業者を訪ね回った。お湯を沸かすボイラーは多いが、蒸気のボイラーは見つからない。

一〇〇年前からボイラーをつくり続けているというペレーリョさんの工場を訪ねたのは探索を始めて一週間あまり経ったころだ。父親から会社を引き継いだばかりの若いペレーリョさんが出迎えてくれた。ボイラーから勢いよく噴き出す蒸気に手を当てて「触ってみて」という。手はまったく濡れていない。「ウチのボイラーの蒸気は乾いています」という。

その利点はよくわかる。呉を煮る蒸気に水分がたくさん含まれていると、呉が薄まってしまう。豆腐づくりには「乾いた蒸気」のほうが良いのだ。「中古はありますか?」と尋ねたら、「あります。いちばん重要な水を沸かすステンレス製の函体《かんたい》は新品と交換してあるから一〇年でも一五年でも大丈夫ですよ」と笑った。値段は新品の半額だという。谷口さんと相談し、その中古ボイラーを注文した。ホセさんに報告し、寸法やガスの使用量などを伝えた。

航空券の帰りの便まで残り数日になった。ホセさんは毎日遅くまで設計に取り組んでいる。私は小野寺あきさんと一緒に何度か事務所を訪れ、打ち合わせをした。設計図が完成したのは帰国の当日である。朝、ホセさんから「できた」と連絡があり、いまからバルセロナ市役所の建築課に提出し、受領証をもらうという。設計図のコピーと受領証がヴィリャ法律事務所に届けられ、「自営業の許可申請に必要な書類がそろいました」と言われた。

私とカミさんはタクシーをつかまえ、大急ぎで空港に向かった。

第4章

崖っぷちに舞い降りた天使たち

豆腐づくりの新しい先生

日本に戻り、まず製造設備を探してくれている関根さんと阿部さんに会った。機械は順調に集まり、とくに重要なスクリュー式の絞り機は新品同様のものを入手できた。私はスクリュー式の絞り機が稼働するところを見たことがない。使い方や手入れの仕方を習っておく必要がある。二人は埼玉県八潮市にある落合利治さんの豆腐工房に連れていってくれた。

作業場に新型の機械が整然と並んでいる。落合さんは、煮えた呉をどうやって絞り機に移すか、豆乳とオカラはどこから出てくるか、機械を洗う薬剤やスクリューの外し方などを詳しく教えてくれた。私も実際にスイッチを入れてみた。

落合さんは以前、首都圏で有名な居酒屋チェーンへの豆腐の納品を一手に引き受け、この工房でつくっていた。大豆をすりつぶして釜で煮る工程を豆腐業界では「一釜《ひとかま》」というが、落合さんは「毎日二〇釜もつくっていて、寝る時間以外はずっと豆腐をつくる生活でした」と振返る。ふつうの豆腐屋の五、六倍の量だ。

その後、豆腐の資材を扱う専門商社に移り、製品の開発を担当している。落合さんの豆腐工房は実験と研究の場に変わった。三河屋の鈴木さんが使っていた凝固剤もこの商社の製品で、硫酸カルシウムとグルコノデルタラクトン(グルコン)を配合した粉末だ。

豆腐の凝固剤といえば、だれもが「にがり」を思い浮かべる。もともとは海水で塩をつくるときにできる副産物で、主成分は塩化マグネシウム。しかし、戦時中の日本では戦闘機の機体に使うジュラルミン用のマグネシウムが不足し、にがりが軍需物資として集められた。

このため豆腐業界はやむなく凝固作用が知られていた硫酸カルシウムに切り替えることになったが、日本の化学会社がきわめて純度の高い食品用の硫酸カルシウムの製造に成功し、全国で使われるようになった。「澄まし粉」とも呼ばれる。

グルコンは新顔の凝固剤で、トウモロコシからつくられる。ハチミツにたくさん含まれているので別名「ハチミツ酸」。保水力が強く、しっかりした豆腐になる。

落合さんによると、それぞれ一長一短があるが、にがりは凝固反応がきわめて速いので技術を必要とする、澄まし粉とグルコンはゆっくり反応するので失敗しにくく、つるんとした舌触りの、さっぱりした食感になるという。三河屋の豆腐を思い出し、私の好みに合う味だとあらためて思った。何よりも「失敗しにくい」がありがたい。

落合さんは関東一円で豆腐屋の相談に乗り、指導もしている。「バルセロナで開業するときに現地で指導してくれますか？」と頼んだら、「いいですよ」と引き受けてくれた。これで豆腐づくりの心配はなくなった。

ドーナツの道具、納豆の保温庫

新聞社で上司だった人から「小学校の同級生が豆腐屋をやっているので行ってみたら」と連絡があった。東京・日本橋の有名な店だ。ご主人は「私もカナダに支店をつくろうとしたが、排水処理の規制が厳しくて断念した。ぜひ成功してくださいよ」と励ましてくれた。

売り場でオカラドーナツが目を引いた。五個ずつ透明な容器に入れたものが山積みになっている。「オカラは食物繊維が豊富だから健康にいいし、一日に四〇〇個は売れます。ウチは豆腐屋じゃなくてドーナツ屋なのかと考え込むときもあるくらい」。

三河屋でも淳一さんが午後にオカラドーナツをつくっていた。専用の機械に生地を入れてハンドルを回すと、穴の空いた丸い生地が揚げ油の中に落ちていく。「この機械は四〇万円くらいしたよ。アメリカの会社が特許を持っていて独占製造している。使わなくなった機械は輸入代理店が回収するから中古品は出回らない」と説明された。

日本橋の豆腐屋でも同じ機械を使っていると思っていたら、ご主人が作業場からドーナツづくりの道具を持ってきて見せてくれた。片手で持てる大きさで、容器部分に生地を入れてハンドルを握ると、穴の空いた輪が出てくる。値段は約三万円。アメリカ製の機械の一〇分の一もしない。私は浅草にある道具街の合羽橋《かっぱばし》へ行き、同じものを買った。

私は納豆もつくりたかった。子どものころから納豆が大好きで、いまも週に四日は食べないと気が済まない。つくり方は以前から専門書を読んで勉強していた。大豆を柔らかくなるまで煮て、水に溶いた納豆菌をスプレーでふりかけ、保温庫で四〇度くらいに保つと、二〇時間後にはできあがる。ただし、納豆菌は爆発的に増殖する時期と穏やかに増える時期があり、激しく増えるときは発熱するので、冷却機能を持つ保温庫が必要になる。

調べたら、長野県に冷却機能のついた保温庫をつくっているメーカーがあった。小型冷蔵庫ほどの大きさで、電話で問い合わせると「納豆もつくれますよ」という。一台を注文し、大豆を煮る業務用の圧力鍋も合羽橋で買った。

モヤシの製造機は韓国から

豆腐屋を開くには、商品を並べる冷蔵ショーケース、作業場の大型冷蔵庫、製氷機などもそろえねばならない。船橋市に中古の調理器具や店舗用品を売る「テンポスバスターズ」の支店があったので、足しげく通った。体育館のような広い売り場に、さまざまの機械や道具がところ狭しと置かれている。

調理器具がぎっしり並んだ一角に揚げ物用の小さなフライヤーが埋もれていた。銘板をよく見ると「ドーナツ専用フライヤー」と書いてある。オカラドーナツ用に一台購入した。代金をまとめて払い、コンテナに積む日時と場所を後で知らせると伝え、運送も頼んだ。

このころの私はのぼせ上がっていたに違いない。日本なら簡単に買えるものがバルセロナでは買えないのだと思いつめて、何かが頭に浮かぶと、すぐ手を出そうとした。

私はモヤシをつくることを思い立った。バルセロナで物件探しに明け暮れていたころ、食品スーパーで一〇〇グラムほどの小さなモヤシのパックが一ユーロで売られているのを見て驚いた。日本の七、八倍もする。原料の緑豆《りょくとう》はバルセロナでも安く買えることは知っていた。一時間ごとに水をかけてやるだけでいい。そういう装置があるはずだ。

調べたら、茨城県のあるキリスト教会が自家製のモヤシをつくっていた。さっそく教会を訪ね、牧師さんに製造装置を見せてもらった。家庭用の冷蔵庫ほどの大きさで、プラスチック製の引き出しが六段ずつ二列に並んでいる。上にシャワーが取り付けられており、タイマーで一時間ごとに水が出る。引き出しには小さな穴がたくさん空いていて、シャワーの水はいちばん下の引き出しまでしたたり落ちる。韓国でつくられた装置だという。

牧師さんは韓国の人だった。「むこうでは大きなレストラン、社員食堂、学校の給食施設などがこういう設備を持っていて、自家製モヤシの味を競い合っています。設備のメーカーもいくつかあります」。日曜の礼拝にくる信者に配っており、好評だという。

できたばかりのモヤシを味見させてもらった。パリッとした歯ごたえで、モヤシが生きている感じがする。スーパーで買いなれた日本のものよりおいしかった。

豆腐屋がモヤシをつくるのは邪道かもしれない。しかし、豆からできるものはみんな豆腐の親戚と言えるのではないか。装置を購入する方法を相談したところ、「初めての人が相手だと輸出を渋るかもしれない」という。そこで牧師さんを窓口にして取り寄せることにした。

作業場に埋め込んだ「秘密兵器」

こうして日本で機械や道具を集めている間も、バルセロナでは改装工事が進んでいた。ホセさんの設計に基づいて工事を監督する人はセラーノさん。法律事務所の土屋順子さんによると「几帳面で日本人みたいな人」だという。セラーノさんは「建築主に相談したいことが毎日のようにある」というので、物件調査隊の小野寺あきさんに連絡役をお願いしていた。

小野寺あきさんは陶芸家だ。美術雑誌に「注目の新進の一人」として取り上げられたこともある。バルセロナに移住して陶芸に使う土を探し、食器や花器を焼いていた。NHKのスペイン語国際放送のアルバイトをしていたことがあり、スペイン語も早くから学んでいた。語学力の高さは店を借りるときの家賃交渉で確認済みだ。

セラーノさんからの問い合わせは小野寺さん経由でひんぱんにあり、メールで答えるのが日課だった。売り場のカウンターの高さを何センチにするか、トイレのタイルは何色がいいか、更衣室をつくったほうがいいのでは、などなど多岐にわたる。

豆腐の作業場には「秘密兵器」があった。ボイラーには配管が詰まらないように水道水のカルシウムを除去する装置を取り付けるが、そのカルシウム除去水をボイラーだけでなく作業場でも使えるように壁に埋め込んだ配管である。

ピレネー山脈を水源とするバルセロナは、水道水に含まれるカルシウム分がきわめて多く、硬度が高い。東京都の水道水と比べるとカルシウムの濃度が六倍という調査結果もある。豆腐づくりにはカルシウムが少ない軟水が良いとされ、おいしいと定評のある京都の豆腐も軟水が支えているという。私も軟水で豆腐をつくりたかった。

大豆を浸けたり、すりつぶして呉をつくるときにカルシウム除去水を使う。その作業を思い浮かべながら除去水の蛇口の位置を決めた。製氷機や温水機も除去水を使うと寿命が延びるというので、機械のそばにも蛇口をつけてもらった。

ある日、州政府の建築規制が変わったのでボイラーを単独の防火区画に置かねばならなくなったと連絡があり、書き換えた設計図が添付されていた。弁当用の厨房が削られて狭くなっている。矢部さんと相談し、ボイラー室を最小限にして厨房を確保するように頼んだ。

工事期間中も店の宣伝をしなくてはと思い、店の幅いっぱいの大きな横断幕を入り口の上に張ってもらった。「日本からカタルーニャへ　初の日本式豆腐店　二〇一〇年二月開業予定」と日本語、カタルーニャ語の両方で大書した。カタルーニャの州旗と日の丸も並べた。

「バルセロナ元年」の船出

秋になった。

バルセロナへ運ぶ機械や設備もすべて集まり、コンテナ輸送のための梱包業者に搬入する日取りも決まった。コンテナは長さ六メートルあまり、間口は幅と高さがそれぞれ約二・五メートルで、八畳間より少し広い。機械などを置いても余裕があるので、私たちが生活で使うものも一緒に積むことにした。カミさんが時間をかけて選んだ羽毛のかけ布団、枕、愛用の食器、私が録画した映画のＤＶＤなどを箱詰めした。

映画は私の趣味である。学生時代は映写技師のアルバイトをしていた。就職してからは仕事に追われてなかなか映画館に行けなかったので、バルセロナでは日曜日に自宅で観ようと思い、退職後に衛星放送の映画専門チャンネルで片っ端から予約録画した。約五〇〇本、ＤＶＤで二五〇枚。ヨーロッパは放送規格が日本と違うので、再生装置とテレビも積んだ。

指定された日に梱包ヤードへ行くと、阿部さんと関根さんがトラックに豆腐づくりの機械と設備を積んでやってきた。テンポスバスターズで買ったショーケースや冷蔵庫、厨房機器などはすでに届いている。韓国製のモヤシ製造機もあった。

落合さんに注文した凝固剤、消泡剤、豆腐用のパックがもう積んである。合羽橋の容器店で購入した八〇〇〇個分の弁当容器と蓋も箱詰めされていた。税関に提出した貨物リストは私物を含めて三一一箱、価格総額は九三五万円。文字通り「船出」である。

その日は私の六二歳の誕生日だった。退職してちょうど二年になる。カミさんがケーキを買ってきて「6」と「2」の数字のロウソクに火をつけた。私はひと息で吹き消した。

年の暮れにつくる年賀状に、豆腐屋を開く店の写真を載せ、日付を「バルセロナ元年　元日」とした。「二〇一〇年」や「平成二二年」では、私にとって二つ目の人生が始まるという気分を表せない。自分だけの年号があってもいいではないかと思った。

「一日に一〇〇〇丁をつくれますよ」

年が明けると、コンテナがバルセロナ港に着き、通関手続きを始めたと連絡が届いた。店の改装も、作業場の床工事は終わっていた。製造機械や水槽をどこに設置するかを決めるために、豆腐製造設備の関根商会を経営する関根芳秋社長と一緒にバルセロナへ行くことにした。関根さんは機械集めをしてくれた龍也さんの父親で、大手企業がアメリカに豆腐工場をつくった際に製造設備の取り付け工事にかかわったこともある。

真冬なのに、地中海性気候のせいで寒さは厳しくない。明け方でも気温は五度くらい、昼間は一〇度を超える。「ありがたい気候だね」と関根さんは感心していた。

今回の宿はサグラダファミリアの真ん前にあるマンションである。大阪の家具屋さんが所有し、前に泊まった郊外のオスタルのオーナーが管理を任されていた。長期滞在者扱いで宿泊料金はホテルの半分以下。豆腐屋までは地下鉄に乗って二駅で着く。

関根社長は作業場の広さを実測し、電源や蛇口の位置を確かめながら機械と水槽などを置く位置を決めていく。息子の龍也さんは少し大きめの機械や設備を集めてくれていた。圧力釜にも余裕がある。冷却用の大きな水槽は二つ運んだ。機械と設備の位置決めを終えた関根さんは「これで一日に一〇〇〇丁の豆腐をつくることができますよ」と言った。

私はびっくりした。絹豆腐と木綿豆腐を合わせて一日に二釜、一二〇丁か一三〇丁くらいつくれたら上出来だと考えていた。「一日に一〇〇〇丁」は在留邦人の半数近くが毎日豆腐を買う計算になる。気が遠くなるような数字だ。一〇〇〇丁をつくる日が来るだろうかと思った。

豆腐の試作に成功

関根社長が帰国すると、入れ替わりに関根龍也さんと阿部栄さんがやってきた。機械を据え付けるためだ。機械や設備は陸揚げされて作業場に置かれていた。ボイラーも到着した。

阿部さんたちは機械を固定し、大豆をすりつぶした呉が流れるように太いパイプでつないでいく。ボイラー会社の技術者は蒸気をパイプで作業場に引き込む工事をした。日本とスペインの共同作業だ。試運転用の灯油バーナーを使って蒸気を出すことにも成功した。

これで豆腐ができるかどうかを確かめねばならない。大豆は中国産を注文し、倉庫に積んである。オランダの公的機関が無農薬栽培であることを認証したＢＩＯ（有機）大豆だ。前日に試作用の大豆を洗って水に浸けておいた。凝固剤などは数回分を手荷物で持ってきた。作業場の電気工事は終わっていなかったが、機械だけは動くように臨時に配線してもらった。

翌日の試作には小野寺あきさんや谷口達平さんも来てくれた。関根さん、阿部さん、そしてカミさんも見守る中で作業を始めた。水浸《みずづ》けした大豆を肩の高さまで抱え上げ、豆すり機でドロドロにする。それを蒸気の力で吸い上げ、パイプを通して圧力釜に入れる。煮えたら再び蒸気を使って絞り機に移す。スイッチを入れると豆乳が勢いよく大桶に流れ始めた。

絹豆腐の型箱を床に置き、凝固剤をはかって入れ、水で溶く。内側に目盛りを書き込んでおいたポリバケツにひしゃくですくった豆乳を入れ、一気に型箱に流し込んだ。二〇分後。カッターで八本の切れ目を入れ、恐る恐る水槽の中に放った。折れたり割れたりしていない。一丁分をすくい味見してもらった。みんなが「おいしい」と言った。

豆腐を水の中で切るのは難しい。パックから一ミリはみ出すようにするとぴったり密封されるのだが、私にはできそうもなかった。そこでL字型のステンレスに目盛りを刻んだ道具を龍也さんにつくってもらった。長い豆腐をこの道具に載せ、目盛りに合わせて包丁を入れるとちょうどよい厚さになる。包装機は順調に動き、矢部照美さんがデザインしたフィルムで密封された豆腐が氷水の中に次々と収まった。

成功だ。最初から最後まで一人でつくったのは、これが初めてである。うれしいというよりも安堵感のほうが強くて、床にへたりこみそうになった。みんなで豆腐を分け、余った分は近くの日本食レストランに持っていった。

「「普通の」豆腐屋がバルセロナに」

いったん帰国して、労働居住許可が下りるのを待つことにした。その間に少しでも開業準備を進めたくて、まず広告を出そうと考えた。当時のスペインには「OCSニュース」というタブロイド判八ページの月刊新聞があった。スペインで唯一の日本語媒体であり、在留邦人は隅々まで読むと聞いていた。

その三月一日発行の号に小さなカラー広告を申し込んだ。主見出しは「「普通の」豆腐屋がバルセロナに」。下に小さく「店内で作り、できたてを売る——日本では当たり前の豆腐屋です」。豆腐、油揚げ、厚揚げ、がんもと弁当の写真を添え、「開業日は来月のOCSニュースでお知らせします」と白抜き文字で告知した。

スペイン語の勉強も必要だ。お客への応対や銀行への入金のために四ケタの数字はすぐに聞き取り、言えるようにならなくてはいけない。団地の駐車場でナンバープレートの数字をスペイン語で言う練習をした。毎朝繰り返しているうちに一カ月ほどで言えるようになった。

三月半ば、ヴィリャ法律事務所から労働居住許可が下りたと連絡があった。私とカミさんは東京のスペイン大使館に出向き、パスポートに査証《ビザ》を貼ってもらった。

開業すれば、しばらくは帰国しない。愛猫は老衰で亡くなり、庭に埋葬した。二匹のチワワは佐賀市のカミさんの実家に預けた。自宅は泥棒に荒らされないように警備保障会社と契約した。私たちは片道の航空券で日本を後にした。

バルセロナに着くと、店の改装工事は終盤に入っていた。工事監督のセラーノさんから看板のデザインを決めてくれと言われた。人びとに知ってもらいたいのは日本の豆腐屋であることだ。看板の文字は州の規則によりカタルーニャ語でなければならない。スペイン語だと日本は「Japón《ハポン》」だが、カタルーニャ語では「Japó《ジャポ》」となる。豆腐は万国共通語なので「TOFU」。看板をデザインした矢部照美さんは、それに箸をあしらってくれた。

開業する日を決めた。四月一日発行の「OCSニュース」に広告を申し込み、「四月一二日（月）に開業」と大きな字で入れてもらった。

やることが山のようにある。この店でお客が欲しいものをすべて買えるように、日本の食材も置きたかった。みそ、しょうゆ、ソースなどの調味料、うどん、そば、即席めん、日本酒などを輸入商社に注文した。それらを並べる棚は自分で組み立てた。

豆腐などの冷蔵ショーケースと弁当のショーケースも設置した。レジスターを購入し、銀行へ行って釣り銭用の硬貨を両替してもらった。

弁当担当の矢部さんが到着した。観光ビザでの入国だが、後で学生ビザを取得して労働契約を結ぶことにした。二人でパキスタン人の食材店が並ぶ地区に行き、野菜や各種の香辛料を買った。カレー弁当はルーやカレー粉を使わずに八種類の香辛料でつくるという。トンカツの肉は肩ロースのかたまりを一枚ずつ切り分ける。弁当らしからぬ本格派だ。

幕の内弁当に入れる塩鮭は私が引き受けた。北海道出身なので塩鮭のつくり方を多少は知っている。一週間は漬け込む必要があるので早めに魚市場で二尾を買った。モヤシも時間がかかるので、洗った緑豆を製造機にセットし、スイッチを入れた。

凝固剤と消泡剤が届いた。正式な営業許可が下りた。矢部さんはそのころ流行っていた「ミクシィ」というSNSで、こうした準備の進み具合を毎日のように発信した。

開業直前の大ピンチ!

開業まであと四日となった四月八日、ボイラー会社のペレーリョさんが来店し、ガス管と接続してから使い方を教えてくれた。スイッチとバルブの操作法を練習した。

翌日の九日、私は圧力釜に水を入れ、ボイラーに点火してお湯を沸かした。そのお湯を絞り機にくぐらせて洗浄するためだ。お湯を移して絞り機のスイッチを入れた。しかし、「ウーン」とうなるような音がするだけでスクリューが回らない。まもなく煙が出て、ビニールが焦げたようなにおいが立ち込めた。すぐスイッチを切った。

スイッチを入れ直したが動かない。配電盤のブレーカーを確かめた。「ON」のままだった。いちばん重要な絞り機が壊れてしまったのだ。開業の直前なのに。

目の前が真っ暗になった。「顔色が真っ青になる」という表現があるが、このときの私はほんとうに青ざめていたと思う。全身の力が抜けていく。立っているのがやっとだった。

開業する日はもう広告で告知してしまっている。準備のためのさまざまな作業や三河屋で修業したころのことを思い浮かべた。

矢部さんが作業場に来たので、絞り機が壊れてしまったことを話した。「ミクシィに書きましょうか?」と訊かれたので、お願いした。予定通り開業することは、もはや絶望的だ。待ってくれている人たちにこの事態を伝えなくてはならない。

何もする気が起こらず、折りたたみ椅子に座り込んでいたら、入り口のほうから「こんちわー」という声が聞こえた。関根龍也さんと阿部栄さんだった。「心配なので、勝手に来てしまいました」と笑っている。私は信じられない思いで笑顔を見た。

絞り機が壊れた経緯を説明すると、二人はすぐ機械を分解して中を調べた。「呉をスクリューに送り込むポンプのモーターが焼けています。だけど大丈夫ですよ。ポンプを外して呉を自然落下させれば豆腐をつくることができます」。

少し時間はかかるが間違いなく豆腐をつくれるという。目の前が真っ暗だったのが、いきなり光が差し込んできて、目がくらむようだった。

原因は三相電源のプラスとマイナスが逆になっていたため、モーターが逆回転したことだと判明した。二人は豆すり機や包装機の電源も調べて配線をつなぎ直した。モーターのコイルを巻き直せばしばらくは稼働させることもできるという。工事監督のセラーノさんはコイルを巻き直す電器店を教えてくれた。モーターを持っていくと伝えてもらった。

矢部さんは二人が店に来てからの一部始終をミクシィで発信していたが、豆腐をつくれるようになったことは三五〇人以上の人が読んでくれたという。「今までで最も多い人数です」。予定通りに開業すると、あらためて発信してもらった。カミさんが作業場をのぞき、関根さんたちがいるのを見て驚いた。経緯を話したら、カミさんは二人の手を取って何度も「ありがとう」と頭を下げた。

その日の夜、豆腐づくりの指南役である落合利治さんがバルセロナに着く予定だった。関根さんたちは空港へ迎えに行った。私は一日で地獄と天国を往復して疲れていたが、メールチェックを忘れていたので売り場のノートパソコンを開いた。

未読のメールに関根社長からのものがあった。件名は「バカども二人」。本文には「龍也と阿部さんがバルセロナへ向かったと妻から電話がありました。バカども二人、心配です」。

私はすぐ長い返信を送った。自分の不注意で絞り機が壊れたこと、一二日の開業をあきらめていたら二人が突然現れて修理のめどがついたこと、予定通り開業できるようになったことを書いて、こう結んだ。

「二人は崖っぷちに舞い降りた天使たちです。私が谷底に転落するのを寸前で救ってくれました。神様が二人を遣わしたのだと心から思っています」。

第5章　うれしい誤算、うれしくない誤算

開店！

開業の二日前、絞り機のモーターはコイルを巻き直して再び取り付けられた。到着したばかりの落合さんは、油揚げだけ前日につくりましょうと言って、大豆の水浸《みずづ》けの段取りを決めた。私は納豆用の大豆を煮て、納豆菌を噴霧してから保温庫にセットした。開業の前日に発酵が完了し、さらにひと晩冷蔵庫で冷やすと、うまみ成分が出て完成する。

開業の前日、落合さんの指導で油揚げをつくり、袋詰めして冷蔵庫に移した。納豆も冷蔵庫に入れた。モヤシは引き出し二つ分を収穫し、ポリ袋に詰めた。カミさんと販売担当の女性はしょうゆや即席めんなどの日本の食材を棚に並べ、サクラの造花で売り場の飾りつけをした。

矢部さんは弁当の仕込みが徹夜の作業になったので、その夜は戻らなかった。

四月一二日、開業の朝を迎えた。

私と関根、阿部、落合さんの四人は夜明け前にサグラダファミリア前の宿を出発した。始発の地下鉄にはかなり乗客がいた。バルセロナの人たちは朝が早い。

豆腐屋に着くと、さっそく豆腐をつくり始めた。最初に濃い豆乳で絹豆腐、次に薄めの豆乳で木綿豆腐。木綿豆腐は八〇丁のうち三〇丁は板の上に並べて重石をかけ、「押し豆腐」にした。厚揚げにするためだ。初日なので一部はがんもにも使う。

豆腐をパック詰めして氷水に入れると、厚揚げとがんもに取りかかった。厨房に油揚げ用の二槽式フライヤーがあり、矢部さんと女性従業員が弁当づくりに追われているのを横目で見ながら揚げていく。揚げ終わると「アバティドール」と呼ばれる急速冷却装置に入れて冷やす。日本では見たことがないが、スペインでは揚げ物をつくる店には必ず置かれていて、私の豆腐屋もこれを設置することが営業許可の条件になっていた。

最後にオカラドーナツをつくり、オカラを四〇〇グラムずつはかってポリ袋に詰めた。すべての商品に日本語とスペイン語で値札をつけるのだが、オカラだけは辞書に載っていないので決まっていなかった。とりあえず「フィブラ・デ・ソハ(大豆の繊維)」とした。

九時に着いて開店準備をしていたカミさんが「お花が届いたよ」と言ってきた。最後の職場だった論説委員室の上司や同僚ら五人の連名で「われわれ一同、ファンタスティックな豆腐屋の成功を祈っています」とのメッセージが添えられていた。胸が熱くなった。

厚揚げや油揚げを袋に詰めていると、カミさんが「もうお客さんが並んでいるよ」と作業場に駆け込んできた。外を見ると二〇人ほどの行列ができていた。午前一一時の開店の三〇分前

いよいよ開店(後列右から矢部聡さん, 阿部栄さん, 関根龍也さん, 本田麻子さん, カミさん, 落合利治さん, 谷口達平さん, 小野寺あきさん)

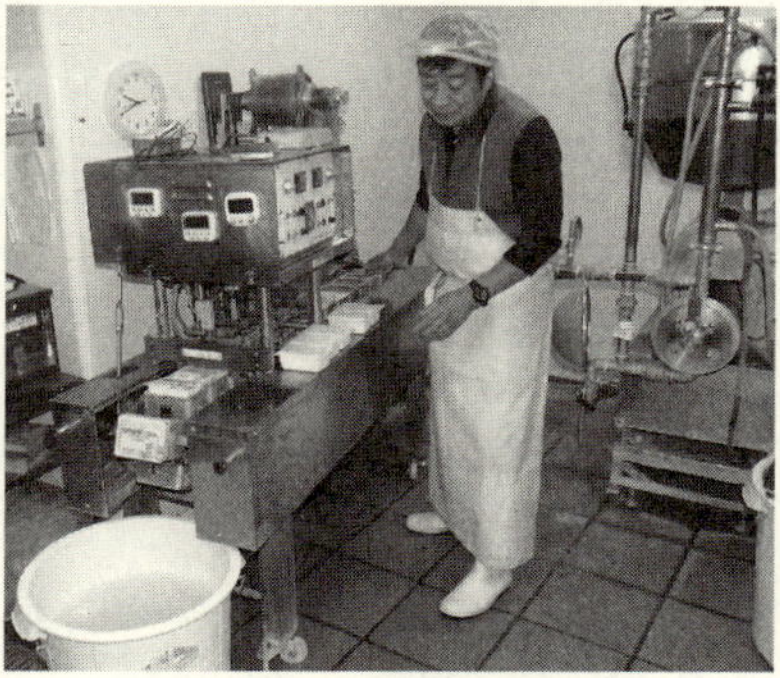

豆腐をパック詰めして氷水へ

だったが、「五分後に店を開けます」と大声で言って、作業場に戻った。

お客の三割はスペイン語

私たちは手分けして豆腐や揚げ物、モヤシなどを冷蔵ショーケースに並べた。矢部さんはできあがったばかりの弁当を運んだ。

関根さんと阿部さんは、この日のために「とうふまつり」と染め抜いた青いハッピを日本から持ってきていた。全員がハッピを羽織って入り口に並び、お客を迎え入れた。

午後三時までが午前の部の営業で、午後五時から八時までが午後の営業になる。午後もお客が途切れることはなく、弁当は何度も追加したが売り切れた。告知広告に加えて、矢部さんのミクシィによる開業準備レポートが三五〇人に読まれた効果だなと思った。

閉店の時刻が近づいた。初日のお客は一〇八人。カミさんによると三割はスペイン語を話す人だったという。売り上げは千ユーロ(約一三万円)をわずかながら超えた。

片付けを始めると、二人のスペイン人が店に入ってきた。店がある建物の管理組合の理事長と副理事長だという。二人は厳しい表情で「換気扇が夜中も回り続け、住民から眠れないと苦情があった。同じことが繰り返されるなら警察に通報する。換気扇を使うのは朝八時以降とし、

豆腐のショーケース．豆腐(左)や厚揚げ，がんも(中央)，納豆やオカラ(右)

弁当を見るお客さん

弁当・寿司のショーケース

日曜と祝日は営業を認めない」と言った。私は謝罪し、誓約書に署名した。

　初日の喧噪は三日目には収まり、落ち着いてきた。それぞれの商品をどのくらい用意すればよいか、およその目安もわかった。

　うれしい誤算の一つは弁当である。トンカツ、カツ丼、鶏の唐揚げ、幕の内といった定番メニューだけでなく、矢部さんは東坡肉《トンポーロー》弁当や、自分で香辛料を調合したカレー弁当もつくっていた。ベジタリアン向けの豆腐ステーキ弁当も出した。

品ぞろえが多いうえに、値段も手を出しやすい。いちばん安いカツ丼は四・九ユーロ(六一〇円)、幕の内弁当でも五・七ユーロ(七一〇円)の値段をつけた。日本のコンビニより高いが、こちらは一個ずつの手づくりだ。弁当の容器は日本から運んでいる。それでもスペインでは材料の肉や野菜が日本よりもはるかに安いことを考慮して買いやすい値段にした。

いなり寿司やチラシ寿司も

八〇歳を超えた日本人の男性は初日から土曜日まで毎日一番乗りで弁当を買いに来た。妻に先立たれて独り暮らし。バスで一時間かけて来るという。「生きているうちに日本の弁当を食べられるとは思いもしなかった。妻にも食べさせたかった」という。家族で食べるからと、まとめ買いする主婦も多い。スペイン人の中にも「BENTO」を知っている人がかなりいて、迷わず弁当のショーケースに向かった。

しかし、主菜も副菜も数を決めて下ごしらえするので後から追加することは難しい。管理組合との約束でガスコンロに火を入れるのは午前八時からに制限されている。「今日弁当を一五個買いたい」などの注文をいくつかもらったが、断らざるを得なかった。

弁当の数には限りがあるので、矢部さんは「いなり寿司をやりましょう」と提案してくれた。油揚げをつくると、どうしても伸びが足りない小さなものや、ゆがんだ形の不良品が出る。小さな油揚げを煮て、いなり寿司の三個入りパックを二・九ユーロ（三六〇円）で並べたところ、その日のうちに二五パックが売り切れた。ゆがんだ油揚げは細かく刻み、シイタケや錦糸卵と合わせてチラシ寿司のミニパックをつくったら、これも同じ値段でよく売れた。

矢部さんはデザートもつくった。豆乳のプリンや杏仁豆腐は女性客の評判が良かった。私がつくったオカラドーナツは、甘さを控えてヘルシーに仕上げたが、日本人のお客から「甘ったるいスペインのドーナツよりずっと良い」とほめてもらった。

不況が広めたスペインの「中食」習慣

料理を買って自宅で食べる「中食《なかしょく》」という食習慣はもともとスペインにはないものだった。企業や役所の多くは昼休みが二時間あるので、自宅に帰って食事するとかレストランでゆっくり食べる人が多かった。

不動産バブルの崩壊とリーマン・ショックが重なった深刻な不況が、この習慣に待ったをかけた。苦境に陥った企業が昼休みを短縮できるように、経営側の判断で勤務時間のパターンを変えることができるかどうかが争われた訴訟で、最高裁は「変えることができる」という判決を下した。その結果、昼休みを一時間に短縮する企業が増え始めた。

一時間では帰宅して食事をすることは難しい。レストランでゆっくり食べるのも容易ではない。スペインの人にも弁当が支持されたのは、そういう事情があったからではないか。日本の伝統的な「中食」である弁当には不況が追い風になっていたのだと思う。

物件探しを始めたころから、バルセロナでは持ち帰りの食べ物を売る専門店が増えた。パスタやパエリャ、サラダをプラスチックの容器に入れ、客は好きな組み合わせで買っていく。二つ買っても八、九ユーロほどだ。会社勤めの人たちが連れだって入る姿をよく見かけた。持ち帰りの店がどんどん増えて、スペインでも「中食」という新しい習慣が広がれば、弁当の魅力が知れ渡るだろう。そんな期待を抱いた。

「オカラに対して失礼」な値段

オカラがよく売れたのも意外だった。買うのは日本人に限られてはいるが、真っ先にオカラを買い物かごに入れる人が少なくない。アジア系の食材店では日本から冷凍で運んできた納豆や油揚げが手に入る。しかし、オカラだけはどこにも置いていないのだという。

それもそのはず、豆腐づくりの教科書にも、オカラは産業廃棄物として処理されると書いてあった。三〇年ほど前までは牛や豚の飼料として利用されたが、都市周辺の牧場や養豚場が遠くへ移り、需要がなくなった。いまでは食用として販売されるのは一％しかないという。

オカラが優れた食材であることは、私もよく知っていた。ゴボウよりも食物繊維がたくさん含まれている。加熱処理してあるので、そのままでも食べられる。ほかの材料によくなじむのでお菓子やケーキ、揚げ物の衣にも使いやすい。私がつくるオカラドーナツは重量の半分近くのオカラを入れるが、食感は小麦粉だけのドーナツと変わらない。

旧型の絞り機から出るオカラは豆乳がかなり残っているのでべちゃべちゃした状態になり、腐敗しやすい。しかし、私が使っているスクリュー式の機械では豆乳を限界まで絞り取るので、出てくるオカラはパサパサしており、とても軽い。常温でも日持ちする。

だから販売することにしたのだが、頭のどこかに「産業廃棄物だ」という考えがこびりついていたのだろう。四〇〇グラム入りの袋を「〇・三ユーロ（三八円）」と、タダ同然にした。

ある日、いつもオカラを買ってくれる女性客から「この値段はオカラに対して失礼だと思います」と叱られた。

モヤシは上々

自家製モヤシは上々の出来だった。緑豆に一時間おきにシャワーをかけただけで、ほかには何もしていない。ポリ袋に入れたら、モヤシが生きていて呼吸していることに気づいた。袋にパンチで穴をあけ、空気が入るようにした。生きているから、わずかずつながら大きくなる。日本で買うと二、三日しか持たず、「モヤシは足が早い」とよく言われた。しかし、自家製モヤシは冷蔵庫に五日間入れた後でもパリパリとした食感を楽しむことができた。

モヤシに関する文献を読むと、漂白する場合は次亜塩素酸などを使うと書いてある。袋に「無漂白」と明記されていない場合はこうした薬品で白くした可能性がある。私の自家製モヤシは豆の部分にピンク色のスジがほんのわずか残っていたが、日本で買ったモヤシはピンク色のスジがなかった。漂白されたからだろう。私のモヤシは漂白剤などいっさい使っておらず、だから生きているのだろうと思った。

味では負けない自信があったが、値段の問題があった。二〇〇グラム入り一ユーロは食品スーパーのスペイン産モヤシより安いが、アジア食材店では一キログラム入りを一ユーロで売っているのだ。中国の人がつくっているという。値段に五倍の開きがある。

「おいしい」「日持ちする」と言って繰り返し買ってくれるお客が少しずつ増えてはいるが、五倍の価値を認めてくれる人がどれだけいるだろうか。不安が残った。

納豆は糸を引かない

納豆はうまくつくれなかった。見た目も香りも悪くない。しかし、いくらかき混ぜても糸を引かないのだ。お客から「納豆じゃなくて、納豆風味の煮豆だね」と笑われた。

アジア食材店で売っている日本の冷凍納豆は四五グラム入りのパックが一・三ユーロ(一六〇円)もする。解凍してかき混ぜると、ちゃんと糸を引くが、豆が堅いのが難点だと思った。納豆もつくりたてがおいしいので、私は五〇グラム入りのパックに一・二ユーロの値段をつけていた。糸を引きさえすれば圧勝するはずだった。

作り方は文献で調べただけだが、原理は単純である。大豆を水に浸け、豆がつぶれそうなくらいに柔らかくなるまで圧力鍋で一時間ほど煮る。大豆をバットに移し、納豆菌を耳かき数杯分ほどをぬるま湯に溶き、霧吹きで大豆にかける。納豆菌は熱の刺激で目覚めるので、吹きかけるのは熱いほど良い。保温庫に入れて四〇度に保ち、二〇時間置く。

納豆菌は、稲わらや枯れ葉に生息する枯草菌《こそうきん》の一種である。枯草菌は「芽胞《がほう》」と呼ばれる胞子をつくり、芽胞は煮ても凍らせても死なず、真空でも宇宙線を浴びても生き続け、水分や適温を与えられると旺盛に繁殖する。だから「最強の菌」と呼ばれることがある。

あまりにも繁殖力が強く、麹づくりが妨げられるため、酒蔵やみそ蔵では従業員に納豆を食べることを禁じ、納豆を食べた人は蔵から締め出されるほどだ。

昭和の初期、枯草菌の中から味と香りも良い菌を分離して精製する研究が進んだ。その結果、数種類の納豆菌が商品化され、私は山形県の納豆菌を購入して持ってきていた。最強の菌だから繁殖は容易であり、豆のネバネバは納豆菌そのものなので糸引きも強くなるはずだった。

私が使っている保温庫は大学の研究室でも使われる精密な機械で、〇・一度刻みで温度を設定できる。納豆をつくるたびに少しずつ温度や時間を変えてみた。納豆菌の量を増やしたり、溶き水の温度を変えたりした。しかし、何度やっても「納豆風の煮豆」にしかならない。

開業から二週間後、いつも納豆を買ってくれる男性客が容器に入れた納豆を持って来店した。勤め先の先輩が手づくりしたもので、友人たちに分けているという。私は小鉢に取ってかき回した。糸が湧くように出てきて、味も香りも申し分ない。私は愕然とした。

「どうやってつくっているんですか?」。私はなりふり構わず尋ねたが、「秘密だそうです」とそっけない。それでも根ほり葉ほり訊くうちに「人づてに聞いたところでは、使わなくなった冷蔵庫に電気の暖房器具を入れて保温しているようです」と教えてくれた。

それを聞いて落胆した。温度を〇・一度刻みで変えたりして工夫を重ねてきたが、なんの意味もなかったのだ。改善の手がかりはもうなくなった。気が滅入った。

豆腐も売っている弁当屋さん

最大の誤算は、豆腐が予想していたほど売れないことだ。

開業の初日こそたくさん売れたが、落ち着いてくると売れ行きが鈍った。木綿豆腐は厚揚げにする押し豆腐を含めて六〇丁、絹豆腐は四〇丁、合わせて一〇〇丁どまり。売り上げの構成比を見ると、揚げ物や納豆を含めた「豆腐類」が四割、弁当や総菜が四割、即席めんなどの食料品が二割だ。これでは「豆腐も売っている弁当屋さん」と言われても返す言葉がない。

売れない理由については心当たりが二つあった。

一つは、マドリードにも日本人が経営する日本の豆腐屋があることだ。屋号は「ＴＯＯＦＵ—ＹＡ(とうふや)」。油揚げや厚揚げ、がんも、さらに豆腐を使った総菜もつくっていて手広く営業していた。マドリードとバルセロナとの距離は約六二〇キロ。東京と大阪間よりも離れているが、トラックで運んでバルセロナでも販売していた。

日本航空の機内誌にこの豆腐屋を紹介した四ページの特集記事が掲載され、バルセロナへ渡航したときに私も読んだ。工場は二階建てで、一〇人近い従業員が働いている。生産量は一日に三〇〇〇丁。スペイン全土に販売網を持ち、フランスやドイツにも輸出しているという。開業前のあわただしい時期だったが、バルセロナのアジア食材店で一丁を購入し、関根龍也さんと阿部さんに見てもらった。

日本のパック詰め豆腐と違い、柔らかなビニール袋に豆腐と水が入っている。阿部さんたちは「豆腐をビニール袋に入れてから煮沸して殺菌したのではないか」という。そのせいか、消費期限は製造日から三週間と長くなっていた。

袋から出して豆腐を食べてみた。堅くてざらざらした舌触りだ。関根さんは「油揚げの生地みたいだ」と言った。私も「似ている」と思った。阿部さんは箸をつけなかった。

アジア食材店の話では毎週一回、トラックで運んでくるという。日本人のお客によると、日本人学校などの職場ごと、あるいは地域ごとにマドリードの豆腐の共同購入グループが組織されており、トラックはその集配所にも豆腐を配達している。共同購入グループの多くは私の豆腐屋が開業した後も解散せず、相変わらずマドリードの豆腐を買っているという。

共同購入のグループを存続させている人たちの気持ちは、私にもよくわかった。バルセロナに新しい豆腐屋ができても、いつまで続くかわからない。経営が行き詰まって、すぐにも倒産するかもしれない。そうなってから共同購入組織を再び立ち上げるのは容易でない。

マドリードの豆腐屋も、築き上げたバルセロナの販路を守り抜こうとするだろう。私の豆腐屋が開業する数日前、バルセロナでの販売価格を大幅に値下げし、私の店と同じ一・七ユーロ（二一二円）にするとウェブサイトで告知していた。さらにマドリードの目抜き通りに豆腐を使ったお菓子や総菜の店をオープンするという。

片や一日三〇〇〇丁、私は一日一〇〇丁。横綱と序の口ほどに格が違うが、これは時間がかかってもお客に決めてもらうしかないと腹をくくった。

日本の豆腐はスペインでは圧倒的な少数派

心当たりの二つ目は、スペインやドイツでつくられる豆腐があることだ。

バルセロナの近郊に大きな豆腐工場があり、そこでつくられた豆腐がほとんどの食品スーパーに並んでいる。カマボコのように堅くて、真空パックになっている。消費期限は一カ月以上と長い。包装にはフライやステーキ、サラダの写真が印刷されていて、食べ方も日本と違う。しかし、大豆を原料として豆乳を固めた食品であることに変わりはない。

私の豆腐屋が開業してまもなく、この製品をつくる「NATURSOY」社の幹部が店を訪れた。作業場に案内すると、彼は「ムイ・ボニート（とても可愛い）」と言った。彼の工場は敷地が二〇〇〇平方メートルもあるという。「最初は自宅の車庫でつくり始め、二〇年後には大きな工場になりました。あなたの店もやがて大きな工場になるでしょう」。

市内にたくさんある健康食品店やダイエット用品専門店にはドイツ製の豆腐が並んでいるが、これも真空パックされたカマボコのような堅い豆腐だ。ドイツ製はほとんど味付けされ、カレー味、マンゴー味、バジル入りなど色とりどりの製品が一〇種類以上ある。私はマンゴー味を買って食べてみたが、すぐ吐き出した。

バルセロナを見渡すと、こうした真空パックの堅い豆腐が圧倒的な多数派だ。どれも「TOFU」の名前で売られている。それはヨーロッパの風土や食文化に合わせて独特の進化を遂げたものだと言えなくもない。日本人だって、ラーメンやカレーなどの外来の料理を日本に合うように進化させてきたのだ。変えてはいけないなどと言うつもりはない。

しかし、おいしさに国境はないはずだとも思う。柔らかい豆腐があり、冷ややっこや湯豆腐のような食べ方があることをスペインの人に知ってもらえれば、きっと理解されるだろう。いまは圧倒的な少数派であっても努力を続けるしかないのだと思った。

価格は商品の雄弁なメッセージ

開業から二週間ほど経ったころ、豆腐を仕入れてくれる和食レストランのご主人たちから相次いで「弁当の値段が安すぎる」と言われた。多くのレストランが昼食時に「メヌー・デル・ディア」と呼ばれる定食を出している。お得なコースで一〇ユーロ前後が多い。私たちの弁当は、その六割ほどの値段なので「レストランのお客が減ってしまう」というのだ。

豆腐の値段についても「こんなに安くして大丈夫ですか？」との声を数人のお客からいただいた。「パリでは日本の豆腐一丁が五ユーロもするそうですよ」と言う人もいた。

もともと厳密な原価計算をしてつけた値段ではない。弁当は日本から運ぶ容器の運賃や人件費などを計算すると、確かに利幅は少なすぎた。

豆腐などは修業した三河屋の値段とあまり違わないようにすることしか頭になかった。師匠がつくった豆腐や油揚げより高くすることは許されないという思いがあったからだ。

矢部さんと相談して、五月から弁当は一ユーロ(一二五円)ずつ上乗せした。豆腐などは〇・二ユーロ(二五円)値上げした。オカラは「失礼な値段」と叱られたので、二・五倍の〇・八ユーロに上げた。納豆だけは相変わらず糸引きが弱いので価格を据え置いた。

カミさんはもともと「値段が安すぎる」と怒っていたが、この値上げでも承服できない様子だった。「安い値段で売るということは、私がつくる品物には価値がありませんと言っているのと同じことなんだよ」と激しい剣幕だった。

値段は、商品にとって最も雄弁なメッセージであると言われる。カミさんに叱られるまで、私はそのことを深く考えていなかった。大きな誤算だった。

第6章

我が家はバルセロナ市の文化財

住む家を探す

旅行者向けのオスタルから地下鉄に乗って店に通う生活では落ち着かない。カミさんは開業前から店の周辺を歩き回り、住む家を探した。いちばん気に入ったのは、豆腐屋があるアリバウ通りから一本都心寄りのエンリケ・グラナドス通りにある建物だ。

店まで約五〇〇メートル、歩いて七分ほどの距離にある。ガウディより一世代後の「後期モデルニスモ」を代表する建築家のサイラッチ(一八八六―一九三七)が、自分の家族のために設計した八階建てのビルで、バルセロナ市の文化財に指定されている。

市の中心部はほとんどの道路が四車線で一方通行だが、音楽家の名前にちなんだこの通りだけは片側一車線ずつで、対向して走行できる。車道が半分なので、逆に歩道が広々としている。歩道にテーブルを置いたテラス席を大きく取れるので、レストランが軒を連ねる。

エントランスの天井には美しいレリーフが刻まれていた。私も気に入って管理人に「借りたい」と申し出たが、「もうすぐ一室空くけれど、いま住んでいる人が退去して所有者が鍵を受け取るまで、建物

「サイラッチ・ハウス」外観

に近づかないでほしい」と言われた。

なぜだろう。調べた結果、この建物ができた八五年前はフランコ将軍の軍事独裁下で国家社会主義的な政策がとられており、借家人を保護するために「永久賃借権」を認めていた。家を借りると家族の最後の一人が退去するまで最初の賃貸契約が維持される制度だ。

建物の完成後まもなくある家族が一室を借り、当時赤ちゃんだった女性が独り暮らしのお年寄りになっても借り続けていた。この女性が養老施設に移るので、ようやくその部屋が空くことになったのだった。トラブルが起きないように、そっとしておいてほしいという。

一カ月後、この女性が円満に退去したと連絡を受けて、私たちは建物を訪れた。管理人によると、所有者であるサイラッチの曽孫の女性は鍵を受け取り、祖父も父親も入室できなかった部屋に初めて足を踏み入れて驚いたという。「お見せするのが恥ずかしいと言っていますが、それでも室内を見ますか？」と管理人に尋ねられ、私とカミさんは「もちろん」と答えた。

確かに壁紙も床の敷物もボロボロで家具も傷だらけだった。改装工事が必要だが、八五年前のタダ同然の家賃しか受け取ってこなかったので、所有者がその費用を出すことが難しいという。カミさんはすぐ「私たちが負担して改装します。そのかわり改装費用は毎月の家賃から差し引いてください」と言った。

所有者の女性が同意し、契約を結んだ。私たちは店の工事で気心がわかっているセラーノさんに改装工事を依頼した。排水管や電気の配線も取り換える大がかりな工事になるというので、所有者の承諾を得て、浴室に浴槽と大きめの洗い場をつくってもらった。

欧米の浴室は浴槽の中で体を洗い、最後にシャワーを浴びるようにできている。でも私たちは日本と同じように浴槽の外で体を洗い、その後で再びゆっくり湯につかりたかった。

便器もシャワートイレにしたかった。住宅機器店を回ると日本企業がスペインの陶器メーカーと共同でつくった欧州仕様のシャワートイレがあったので、それを据え付けてもらった。

観光バスの名所

台所には、建築時には最新式だったろうと思われる設備が残っていた。コンロは石炭を燃料に使い煙突が付いている。シンクは大理石を掘り抜いた古風なものだ。セラーノさんに「博物館に寄贈しましょうか」と言ったら、彼は「バルセロナでは珍しくないですよ」と言って、みんな捨ててしまい、代わりに最新のシステムキッチンを入れた。

壁を塗り替え、照明器具もすべて新しくしたら、見違えるようになった。広さは一三〇平方メートルもある。一二畳ほどのゆったりとした居間、二〇畳ほどの広い主寝室、それに客用の寝室が大小二つ、浴室とシャワー室にそれぞれ一つずつのトイレ。入り口のドアを開けると六畳間くらいの玄関スペースがある。日本では考えられない間取りだ。

改装工事に三カ月ほどかかり、入居したのは夏だった。仮住まいしていたサグラダファミリア前のオスタルから、矢部さんと三人で荷物を運んだ。

店の近くに日本の畳を売る店があり、閉店するというので、カミさんが畳ベッドを安く買ってきた。私たちの主寝室に置き、夜は布団を敷いて寝ることにした。客用の寝室が矢部さんの部屋になり、週末ごとにＩＫＥＡに通ってベッドやテーブルなどを組み立てた。

家賃は月額一五〇〇ユーロ(約一九万円)の約束だった。都心に近い名建築であることを考えると破格の安さである。しかも改装費用を月割で家賃から差し引くので、数年間は月額一〇〇〇ユーロ(約一三万円)で住むことができる。

私たちの家は日本の数え方だと六階になるが、なぜか「三階」と表示されていた。昔は一階に馬車を収容していたため「下の階」と呼び、その上は所有者や偉い人が住んだので「プリンシパル(高貴)」と呼ぶ習わしだ。その上から「一階」「二階」と続くが、軍事独裁下では五階建て以上の建物に高い税金を課したので、「もう一つのプリンシパル」と「もう一つの一階」を加え、最上階が「四階」になるようにして高い税金をまぬがれようとしたのだという。

新居のエントランスとレトロなエレベーター

我が家は六階なので、帰宅するときも出かけるときもエレベーターに乗らざるを得ない。エレベーターはモーターとケーブルを新品と換えているが、ゴンドラは古い木製のものだった。アール・デコ調のデザインが美しい。下の階の乗り口のそばに座って待つための可愛い椅子が置かれている。

建築家が隅々にまで気を配ったことがよくわかった。

バルセロナのいろんな名所を見たくなって、日曜日にカミさんと観光バスに乗った。バルセロナには年間二七〇〇万人もの外国人観光客が訪れ、欧州ではロンドン、パリに次ぐ国際観光都市である。観光バスでは日本語など八カ国の言葉で案内を聞くことができる。

バスが中心部を走っているとき、イヤホンから「左に見えますのは後期モデルニスモを代表する建築家のサイラッチが設計した事務所棟と住宅棟です。市の文化財です」と聞こえてきた。驚いて左側を見ると私たちが住んでいる建物が見えた。観光名所なのだ。

納豆がついに成功!

引っ越ししてほどなく、うれしいことが立て続けに起きた。

まず、突然、糸引きの強い納豆ができるようになった。開業以来ずっと、納豆菌を噴霧した大豆をアルミニウム製のバット四つに分け入れ、保温庫で発酵させてきたが、そのうちの一つをうっかり踏んづけて壊したので、ステンレス製バットに変えた。翌日、保温庫から出したところ、ステンレス製バットの納豆だけが納豆菌で白く覆われていた。スプーンですくうと立派な糸を引く。三つのアルミ製バットは、相変わらず情けない「納豆風味の煮豆」のままだ。

なぜ糸引きが強くなったのか、科学的な説明はできないが、失敗の原因がバットの材質にあることは間違いない。すぐステンレス製のバットを三つ買ってきて、大豆をステンレス製バットで発酵させたところ、すべて立派な納豆になった。

日本ではふつう納豆を発泡スチロール製の四角い容器に入れて販売している。私も日本からこの容器を運んで使っていたが、変えることにした。容器の専門店で、そのまま小鉢のように使える黒いカップと半透明の蓋を見つけた。新しい容器も好評だった。

二年後のことになるが、ある日突然、スペインの人が大挙して納豆を買いに来るようになった。彼らは店に入るなり「Natto por favor《ポル・ファヴォール》(納豆をください)」と名指しする。「ナットウキナーゼ」と納豆の成分を言う人もいる。ほとんどの人が五、六個をまとめて買っていく。

お客の話では、米国で有名な日本人医師が書いた『健康に良い食べ物』という英文の本が出版され、そのスペイン語訳がバルセロナでも話題になった。その本が「納豆が最も健康に良い」と力説し、とくにナットウキナーゼという成分が血栓を溶かす強い作用を持つので、脳梗塞などの循環器系の疾患を持つ人は食べるべきだと勧めているのだという。

お客の中には「医師に薦められた。豆腐屋で売っていることも教えてもらった」という人が少なくなかった。循環器病の患者のサークルで知った人もいた。食べ物というよりも「クスリ」を買いに来ている人が多いのだ。サラダに加えて食べる人が多かった。

スペインとフランスの国境のピレネー山脈中にアンドラ公国という小さな国がある。人口は八万人に満たない。この国から一人のスペイン人が毎週、八〇個もの納豆を車で買いに来るようになった。やがて彼は「納豆のつくり方を教えてほしい」と言い始めた。ネットで検索すればすぐわかることだから、私は詳しく教えた。その後彼は来なくなった。自分で納豆をつくり始めたのだろうと想像した。

カートで配達して見えた景色

もう一つの「うれしいこと」は、バルセロナで最大のアジア食材店である「東方商場」から商談が舞い込んだことだ。東方商場は国鉄、地下鉄、州鉄道、多くのバス路線のターミナルとなっているカタルーニャ広場の近くにあって、広い店内はいつも客がひしめいている。フィリピン系中国人の一家が経営しており、小さな店を一代で大きくした。

フィリピンは一六世紀から長い間スペインの統治下にあり、土地の言葉にスペイン語が混じり、スペイン風の名前で呼び合うことも多い。東方商場の創業者の娘さんもエレーナと呼ばれ、実質的な経営者になっていた。そのエレーナさんが豆腐屋を訪れた。

「母は豆腐が大好きですが、あなたの豆腐がいちばんおいしいので店に置くべきだと言っています。豆腐を納品してください」という。ただし、東方商場の仕入れ基準に合わせた卸価格にしてほしい。人手が足りないので、配達は豆腐屋にお願いしたい。

豆腐のコストは労賃が大半を占める。その労賃は大豆を煮る回数に比例する。私は二釜つくっているが、最大で絹豆腐を一一〇丁、木綿豆腐を九〇丁、計二〇〇丁はつくれるのに、販売力が弱いので半分しかつくれずにいた。

エレーナさんが示した卸価格は、開業時から卸している韓国食材店と同じだった。配達も、月、水、金の週三回ならばなんとかやれるだろうと考えて、卸売を引き受けた。

さっそく車輪が四つついた折りたたみ式の手押しカートを買った。広げると自立し、片手で軽く押すことができる。昼休み、そのカートに三〇丁の豆腐を入れ、東方商場に向かった。

重いカートを押して歩くと道路の段差で苦労するものだが、バルセロナの交差点にはすべて段差をなくした横断歩道があり、片手押しで進むことができた。最寄りの州鉄道の駅は、路面からホームまで二つのエレベーターで下りられる。一つ先のカタルーニャ駅もエスカレーターを使ってカートを支えたまま地上に出られる。東方商場は出口のすぐそばにあった。

カートで配達する私は、ベビーカーを押す母親や車いすの人と同じ状況にある。実際に歩いてみて、バロセロナはベビーカーや車いすに配慮した街であることを実感した。だからだろう、車いすの人やベビーカーを日本の何倍も見かける。移動しやすいからみんな街へ出るのだ。

予想を超える激戦地

東方商場の売り場にはマドリードから運ばれてきた「TOOFU―YA」の豆腐がたくさんあった。ほかにも韓国やシンガポールから輸入された豆腐が置かれている。どれも消費期限を長くできる充塡豆腐で、日本の豆腐とそっくりだ。空輸で運ばれたものだろう。

さらに中国の人がバルセロナでつくったと思われる豆腐も二種類あった。どちらもラベルには日本と同じ漢字で「新鮮豆腐」と印刷されている。製造者の住所は、バルセロナ市内と近郊の町となっていた。両方に行ってみたが、看板もそれらしき店もなかった。

輸入豆腐は「健康食品の店」や「有機食品の店」にも置かれていて、私の豆腐屋から歩いて一〇分ほどのところにも同様の店があった。ある日、弁護士夫人の土屋順子さんが店にやってきて「くやしい」と繰り返した。健康食品の店で輸入豆腐を買おうとする人に「もっとおいしい豆腐をつくる店が近くにあるわよ」と説明していたら、店の人に「営業妨害だ」と言われて、やむなく立ち去ったのだという。私は恐縮しながらお礼を言った。お客にここまで応援してもらうとは豆腐屋冥利に尽きるというものだ。奮起しなければと思った。

しかし、少しずつだが東方商場へ納品する数が増えた。数カ月後、豆腐の売り場からマドリードの豆腐が消えていた。エレーナさんは「マドリードの豆腐が売れなくなったので納品を断りました。だからあなたの豆腐の売り場を広げてください」と言った。『念ずれば花ひらく』という坂村真民《しんみん》さんの詩集を思い出した。

収支が釣り合わない

私の店の経理は会計事務所まかせだった。家賃や光熱費、仕入れた日本食材などの請求書と、豆腐を販売したレストランなどに渡した請求書を月末にまとめ、レジの月次記録、銀行口座の出納記録と一緒に会計事務所に送る。会計事務所は四半期ごとに納付すべき消費税額、源泉徴収税額を算出して税務当局へ報告し、税金は銀行口座から自動的に引き落とされる。

スペインの会計年度は一月から一二月までであり、年度末の数字をもとに損益計算書と貸借対照表が作成され、決算の手続きをする。

自分で帳簿をつけないかわりに、私は毎日の売り上げ、つくった豆腐や弁当の数などをエクセルに入力した。曜日や天気などでどう変わるかを知りたかった。しかし肝心の店の収支は銀行の口座残高を眺めるだけの「どんぶり勘定」だった。口座の残高がゼロに近づくと、あわてて自分の口座から送金したりした。

収支がなかなか釣り合わない原因はわかっていた。従業員の数が多すぎるのだ。

開業した日、お客が路上に並んだ光景が脳裏に焼き付いて、その後も雇い続けた。売り場担当が一人、弁当担当が矢部さんを含めて三人、さらに豆腐や油揚げ、がんもなどを手伝ってもらうため、谷口達平さんも従業員に加わってもらった。

私とカミさんは自営業の労働許可を持って経営しているため、会計事務所からは「お二人の賃金は自分で自由に決めることができる」と言われていた。当時は「ゼロ」でも認められたので、私とカミさんは賃金なしだった。それでも店が払う自宅の家賃は私たちの給与と見なされるので、税金と社会保険料は払わねばならない。

したがって、月末になると五人に給料を振り込み、さらに七人分の社会保険料が銀行口座から引き落とされる。給料は私が自分でパソコンに打ち込むので数字を認識していたが、社会保険料は自動的に引き落とされるため、きちんと把握していなかった。あらためて銀行口座の出納記録を調べると、社会保険料は思っていたよりも高額だった。

開業から半年後、売り場担当の日本人女性の在留資格が切れて退職した。カミさんが一人でも売り場を守れると言ってくれたので、後任は雇わなかった。谷口達平さんにも事情を説明して年末に退職してもらった。谷口さんがいなくなると私一人ですべてをやらねばならないが、油揚げは週二回くらい、がんもは週一回にして冷凍保存も利用することにした。

開業以来の同志が帰国した

年が明けてから弁当チーフの矢部さんが辞意を伝えてきた。矢部さんは東京都渋谷区の土地を相続して小さな貸しビルを建てていたが、テナントの一軒が退去することになり、その手続きや次のテナントを探すために帰国しなければならないという。矢部さんは豆腐屋の資金繰りが窮屈なことをよく知っており、これを機に退職させてほしいと言った。

矢部さんと私はスペイン語の語学学校で机を並べていたときからの、いわば「同志」である。多彩なメニューの弁当を考案し、いなり寿司やチラシ寿司、豆乳でデザートをつくってくれた。矢部さんがいなくなるとメニューを減らし、弁当のつくり方も変えざるを得ない。

夫人の照美さんは何度もバルセロナを訪れ、滞在中は店の仕事を手伝ってくれた。四人で合宿生活をし、矢部さんが腕をふるう料理をみんなで堪能したこともある。

矢部さんがいなくなることは辛いが、引き止めることはできない。矢部さんには学生ビザを更新するかどうか、バルセロナの銀行の口座をどうするか、などの問題が残っているから、好きなときに訪れて、自由に自宅を使ってほしいとお願いした。

矢部さんは三月一一日の早朝、帰国するためバロセロナ空港に向かった。搭乗を待つ間、東京のレンタルビデオ屋にいた妻の照美さんと携帯電話で話していたら、照美さんが悲鳴を上げ、「商品が落ちてくる」と叫んだ。従業員はお客を外へ誘導し始めたという。

日本時間の三月一一日午後二時四六分、東日本大震災が起きたのだった。

第7章
忙人不老

バルセロナで大震災発生を知る

東日本大震災が起きたのは、スペイン時間で同じ日の午前六時四六分だった。私は豆腐をつくっている最中で、地震の発生を知らずにいた。弁当担当の女性従業員が午前八時半ごろ出勤してきて、東北地方が巨大地震に襲われたことを教えてくれた。

すぐ店のノートパソコンを開き、ニュースサイトを見た。津波が恐ろしい勢いで住宅や車を飲み込み、その泥流が住民ごと街を押し流していた。震源に近い宮城県栗原市で震度「7」、東京でも震度「5強」だという。私は事件と災害を担当していたので、震度「5強」は負傷者が出る危険なレベルであることを知っていた。

三人の子どもたちのスマホに電話したが、つながらなかった。とりあえず残りの仕事を片付けて開店準備をした。カミさんが出勤してきて「子どもや孫たちは大丈夫なの?」と言った。自分のスマホで電話をかけ続けたが、やはりつながらなかったという。

店を開けてから、電話回線ではなく、ネットのSkypeを使って長男宅の固定電話にかけてみた。四回の通信音の後、つながった。「バルセロナからかけている」というと、家族は「えっ、どうしてつながったの?」と驚いた様子だった。一家四人、みな無事だという。

弁当担当の女性たちにもSkypeでつながったことを伝えた。ネットが使えることがわかったので、私は長男、長女と次女に「至急、いまの様子を送れ」とメールした。ほどなく返信が届き、みんな無事だとわかった。三人の報告をまとめて全員に送り返した。

早めに帰宅して、カミさんと震災報道を見続けた。四二インチのテレビにノートパソコンをつなぎ、NHKのオンラインニュースにアクセスすると、日本にいるかのように映像が流れた。行方不明者が膨大な数にのぼることと、福島第一原子力発電所が津波によって冷却用の電源を失い、深刻な原発事故になりかねないことが、繰り返し報じられていた。

翌日、二つの地元テレビ局が取材に来た。質問は「豆腐の原料となる大豆や弁当に使う米は日本でつくられたものなのか?」だった。私は倉庫へ案内し、中国産と表示された大豆を見せた。米も近隣のタラゴナ県産とカリフォルニア産だけで、日本産の米は使っていないことを、これも倉庫の米袋を見せて説明した。取材クルーはそれらを撮影すると、すぐ帰った。

日本人のお客によると、一九九五年一月に阪神淡路大震災が起きたとき、神戸市がバルセロナの姉妹都市だったこともあって救援の募金活動に大勢の市民が協力してくれたという。今回も、スペイン人のお客から「心配しています」と声をかけてもらった。「ツナミ、知らなかった」という人が多かった。こちらでも世界各地で起きた地震が報道されるが、崩壊した建物と救出活動の映像ばかりで、津波を知らない人が多いのも無理はない。

津波と原発事故の違い

スペインは地震と無縁ではない。一八世紀半ば、ポルトガルの首都リスボンを中心に大地震が発生し、大航海時代の交易都市として栄えたこの街を一瞬にして壊滅させた。隣のスペイン西部でも教会や住宅が壊れた。震災後、ポルトガルは隆盛を取り戻すことはなく、民衆は過去への郷愁や憂鬱などがないまぜになった、失ったものを思う切ない「サウダージ」という感情を共有するようになったという。

その後もスペイン西部では散発的に中規模の地震が起きたが、東部のカタルーニャ地方はほとんど地震を経験したことがない。地元の新聞は「地層の研究者によると、二五〇〇年前に対岸のアフリカで地震が起きたとき以来、カタルーニャは一度も津波に襲われていない」という記事を載せた。二五〇〇年間も津波を経験したことのない人びとにとって、それが自分の身に降りかかるかもしれないと考えることは難しい。

それに対して、原子力発電所の事故は二五年前のチェルノブイリで体験し、なまなましい記憶も残っている。スペインにも原子力発電所はあるが、チェルノブイリ後は建設計画が中止された。だから放射能汚染は自分の身に降りかかるかもしれないと思う人は大勢いる。

東日本大震災を報じるバルセロナの新聞も「FUKUSHIMA(福島)」の見出しが多くなった。それがこの災害の名称になったかのようだった。日本の農産物や水産物が放射能に汚染されているのではないかという不安は海外にも広がり、香港などでは和食レストランが大きな打撃を受けていると報道された。

豆腐を仕入れてくれるバルセロナの日本料理店の中にも「日本産の食材は使っていません」という張り紙を出したところがあった。私の店は、地元のテレビが中国産の大豆とスペイン産米の袋を放映したからか、お客から質問されることも少なく、告知せずに済んだ。

一週間ほどたって、日本人女性の有志が被災者支援のためのTシャツをつくった。胸にカタルーニャ語で「Força Japó（がんばれ日本）」の文字がある。ポスターには「一枚の代金は一〇ユーロです。そのうち八ユーロが寄付されます」と書かれていた。私もＴシャツをたくさん仕入れて、お客に薦めた。

日本人のお客の中には一人で何枚も買う人が少なくなかった。私も家族みんなの分を買った。しかし、スペインの人たちの反応は思いのほか弱かった。

地震や洪水などの自然災害が起きると、国境を越えて被災者に支援の手が差し伸べられる。自然がもたらす災害は防ぎようがなく、苦しむ人びとや地域は純然たる被害者だからだろう。東日本大震災も自然がもたらした災害だが、福島の原発事故が深刻な事態に陥り、日本は放射能汚染という災害を外国にも及ぼす恐れがある。つまり加害者の立場にもなっているのではないか。Ｔシャツに対する反応からスペインの人びとの複雑な心情を感じた。

二度目の値上げで「高級品」に

幸いなことに、地震から二週間ほどで客足は元に戻った。東方商場への配達は休まずに続けていたが、豆腐は順調に売れていた。

地震が起きる前に、四月一日から豆腐などを再び値上げすることを計画していたが、予定通り実行することにした。開業の一カ月後にも〇・二ユーロ上げたので、一年も経たないうちに二度も値上げすることになる。

「まだ安すぎる」と助言してくれたのはヴィリャ弁護士だ。「親族や知り合いに日本の豆腐を薦めてきたが、値段が安いので中国の人がつくるものと同列の豆腐だと誤解されて、なかなか買ってもらえない」という。

ちなみにバルセロナで中国の人がつくっている豆腐は、一丁が一・三ユーロ(約一六〇円)で売られていた。安いが変色しているものもある。和食レストランの経営者は「中国の豆腐を一〇丁買ったら六丁が酸っぱくなっていて捨てたことがある」とぼやいていた。東方商場の売り場では、この中国の人がつくる豆腐と私の豆腐だけが一ユーロ台の値段だった。

マドリードでつくられる日本の豆腐は二・九五ユーロ(三六〇円)、空輸で運ばれてくる輸入豆腐も軒並み二ユーロを超えている。健康食品の店や食品スーパーで売られているカマボコのような欧州産の豆腐も、二五〇グラムほどの量しかないのに二・四ユーロもする。

私は中間で買いやすい値段だと自讃していたが、そうではないと、日本企業の幹部からも指摘された。バルセロナには一六〇社近い日本企業が工場や事務所を構えており、駐在している社員は豆腐店の常連客が多い。「中間の値付けというのは、どっちつかずで、最悪の選択ですよ。高級な豆腐だと思われたいのなら少なくとも二ユーロを超えなくては」と口をそろえる。経営の責任を担っている人たちの言葉には重みがあった。

カミさんとも相談し、豆腐を二・一ユーロ（二六二円）にした。円に換算すると二五円の値上げである。焼き豆腐、厚揚げ、がんもは二・二ユーロにした。日本のスーパーでは目玉商品として「豆腐一丁　三八円」などとチラシに書かれていたころだ。こんなに高くしていいのかと、おっかなびっくりの値上げだった。

しかし、売れ行きが鈍ることはなかった。それどころか東方商場と韓国食材店に対しては卸値を〇・一ユーロの引き上げにとどめた結果、利幅が増えたので熱心に売ってくれるようになった。韓国食材店は週三回だった仕入れが週四回に、のちに六回に倍増した。

四月一二日、開業から一周年を迎えた。しかし、東日本大震災がもたらした深刻な被害の報道が続いているので、お祝いめいたことは何もしなかった。一〇年は続ける覚悟で始めた以上、一周年は単なる通過点に過ぎないという思いもある。次から次へと予想もしていなかった出来事に見舞われたが、一日も店を閉めなかった。帰宅してからカミさんと二人で乾杯した。

旅行者の気分で店に通う

一年が過ぎて、ようやく生活と仕事のかたちが定まってきた。「ルーティンワーク」という言葉がある。手順や手続きが決まっている作業のことだ。創意工夫の必要がない業務、つまらない仕事、という意味で用いられることもある。しかし、豆腐屋の仕事がルーティン化してきたことが、私にはうれしかった。

次にどうするか、迷わずに済む。体が手順を覚えていて、先取りしてスムーズに動く。運動量と肉体の疲労度は同じだが、精神的な疲労感は少ない。朝の不安感は減り、店を閉めて帰宅するときの安堵感は増した。

私の一日は、枕元の目覚まし時計の「午前五時です」という声で始まる。隣のカミさんを起こさないように音量を最小に絞っているので、ささやくような小声だが、一年続けた習慣だからか、すぐに目が覚める。

畳ベッドの上で体幹を左右にひねったり、足の裏を合わせる「合蹠《がっせき》」のポーズで両膝を上下させたりして、簡単な体操をする。シャワートイレで用をたし、顔を洗ってから着替える。

窓側の事務机に座ってパソコンのスイッチを入れる。いくつかのニュースサイトで日本と世界の様子をチェックする。記者のころからの癖で、豆腐屋になっても治らない。ついでにメールの受信箱ものぞく。時差があるので、この時間に着信に気づくことが多い。

午前五時半、ビタミン剤を飲んでドアを開ける。エレベーターの木製ゴンドラに乗ると、日本らしさが随所にある我が家から、いきなり一九〇〇年代の後期モデルニスモの世界に足を踏み入れたような錯覚を覚える。そして、建物を出るとそこは二一世紀のバルセロナだ。

ほんの二、三分の間に時間と空間を飛び越えて、異国の建物や異国の文字が並ぶ看板を眺めながら歩くと、いつも旅行者になった気分になる。

晩春から初秋まではもう夜が明け始めていて、うっすらと明るくなっている。秋から晩春まで星と月を見ながら歩く。青森や函館とほぼ同じ緯度なので、夏は午後八時でも屋外で新聞を読むことができるが、冬は午後五時には真っ暗になる。

バルセロナの朝は早い。アリバウ通りのバス停ではいつも数人の人が深夜運行のバスを待っている。三交代勤務を終えて帰宅する人たちだろう。新聞配達の人を見かけることも多い。カートに新聞を積み、郵便受けに入れていく。

いくつかの建物では住み込みの管理人がもう道路の清掃を始めている。枯れ葉やごみを片付け、さらに水をまいてブラシをかける。いつも街がきれいなことに感心しているが、こうした管理人の努力に負うところが大きい。

前に触れたように、バルセロナの中心部は一辺が一三〇メートルの正方形で区画された碁盤の目になっている。それぞれの正方形は五、六階建ての建物で囲まれているが、どの建物も隣と壁を共有しているので、じつは一つの構造物なのだ。それぞれの建物を区別するものは正面《ファサード》のテラスと玄関の意匠だけである。

一〇〇年ほど前に中心部の新市街がつくられたころに、ガウディのサグラダファミリアの建設も始まった。レンガ積みや木工、鉄材加工などの職人たちはサグラダファミリアなどの工事に参加しながら、市街地の建築物にも取り組んだことだろう。

私の想像だが、職人たちは「モデルニスモ」という新時代の風を感じながら、テラスや玄関の注文を受けるたびに「今度はどんなデザインにしようか」と知恵を絞り、意匠を工夫したに違いない。とくに建物の玄関のドアは一つとして同じものがないのだ。大量生産された規格品ではなく、すべてが手づくりの工芸品だ。

店までの道を歩きながら建物の玄関やテラスを眺めるのが、毎朝の楽しみだった。

豆腐づくりはボサノバを聴きながら

店に着くと、まずボイラーに点火する。蒸気が出るまで二〇分ほどかかるので、それまでに長靴に履き替え、ゴム製の長いエプロンを身に着け、衛生帽子をかぶる。支度ができたところで棚の卓上ステレオのスイッチを入れる。

音楽が流れていないと、どうも落ち着かないのだ。主にボサノバとスタンダードのジャズ、ときどき懐かしい歌謡曲やフォークソングをかける。音楽を聴きながら、冷却用の水槽に水を入れる。工房のバケツには前夜洗って水に浸けた大豆が入っており、それを底に穴が空いた「通し桶」に移し、水をかけて洗浄する。

乾燥した大豆を水に浸けると重さが二・三倍に増える。一〇キログラムの大豆が二三キロになる。これを入れた通し桶は二五キロはあるだろう。それを「エイッ」と肩の高さまで持ち上げて大豆を豆すり機の容器に移す。この作業ができなくなったら豆腐屋の定年だな、といつも思う。ボイラーが止まって準備ができた。バルブを開いて蒸気を工房に流す。

大豆をするとき、三河屋では水道の蛇口が豆すり機の真上にあるので、水量を調節した後は蛇口に触る必要がなかった。私の工房ではカルシウム除去装置をくぐった水の蛇口が壁に取り付けられているので、ゴムホースを豆すり機まで引っ張り、左手で水量を調節しなければならない。最初につくる絹豆腐はできるだけ濃い豆乳にしたいので、ドロドロの「呉」がパイプを流れる限界まで濃くなるようにホースの水を加減する。結構むずかしい作業だ。

ステンレスの桶にたまった呉を蒸気の力で圧力釜に送り込む。ドロドロした呉を直火で煮ると焦げ付きやすい。だから多くの豆腐屋では穴が空いた十文字のパイプを釜の底に据え、穴から噴き出す蒸気で煮る。噴き出す力で呉はゆっくり回転し、焦げ付かない。

やがて大豆の青臭いにおいが消え、甘いにおいに変わる。また蒸気の力で絞り機に移す。豆乳の出口にステンレスの大桶を置き、オカラの出口にはポリ袋をセットしたバケツを置く。絞り機のスイッチを入れると豆乳とオカラが勢いよく出てくる。

絹豆腐の型箱を床に置き、三河屋で教えてもらった分量の凝固剤を入れ、少量の水で溶く。絞り終わった豆乳の温度をはかり、八〇度以上であることを確認してからひしゃくでポリバケツに移した。フェルトペンで書いた目盛りに合うように入れて、一気に型箱に流し込む。固まるまでに二〇分かかるので、次の木綿豆腐に取りかかる。木綿は後で重石をかけて脱水するので少し薄めの豆乳に仕立てる。豆すり機に入れる水の量を少し増やす。最後に呉を受ける桶にも水をかけ、残らず圧力釜に入れて煮始める。

煮ている間に絹豆腐の「寄せ」が終わった。型箱に水を張り、カッターで八本の切れ目を入れてから冷却用の水槽に沈め、傾けながら静かに持ち上げて豆腐を水に放つ。八本の豆腐に欠けや折れがないか目を凝らす。いつも緊張する一瞬だ。

木綿豆腐の呉が煮あがった。絞り機に移し、スイッチを入れると、絹豆腐のときよりも勢いよく豆乳が大桶に流れ込んだ。ワンツーを用意し、小さなバケツに入れて水で溶いた凝固剤を豆乳に入れ、すかさずワンツーを二度上下させた。

木綿豆腐をほどよい固さにする秘訣

司馬遼太郎さんは「街道をゆく　嵯峨散歩」で豆腐について一二ページも書いている。中国で豆腐が発明されたのは紀元前二世紀というのが通説だが、文献を精査した中国の学者は「九世紀ごろ」と見ている。日本への伝来も「八世紀」に「遣唐僧がもたらした」とされているが、食物史の研究者によると文献に「豆腐」の文字があらわれるのは一二世紀の終わりごろだという。

もう一つ、京都で一〇〇年以上の歴史を持つ有名な豆腐店「森嘉《もりか》」に触れて、四代目が中国に出征したとき豆乳を石こう(硫酸カルシウム)で固める方法があることを知り、苦みが少ないおいしい豆腐ができたという。私が使う凝固剤も硫酸カルシウムを主体にしたものだ。豆乳を寄せるとき、司馬さんの文章を思い出す。

木綿豆腐が固まった。崩して型箱に入れる作業を始める。適度な大きさに崩すのがコツだが、私は指南役の落合さんから「秘訣」を伝授されていた。それは大桶の豆腐を大きな包丁で縦と横に二センチ間隔で切り、それから小さなひしゃくですくって型箱に入れる方法だ。大きさがそろうので豆腐に「ス」が入らず、ほどよい固さになる。

油揚げをつくる日は、この後「三釜」目をつくる。つくらない日は、木綿豆腐に重石をかけて脱水している間に、絹豆腐のパック詰め作業に取りかかる。防腐剤や保存料を使わずに豆腐の鮮度を保つには冷やすほかない。豆腐を芯まで冷やすには氷水に入れるのがいちばん速いので、ポリバケツに製氷機の氷を入れ、シールで密閉した豆腐を落としこむ。

次は木綿豆腐の切り分けだ。まず冷却槽の端に板を渡して竹のすだれを載せ、一丁ずつ切り分けた豆腐を並べる。その上にすだれと板を載せて押し豆腐をつくる。厚揚げと焼き豆腐にするためだ。残りはパック詰めして氷水に落とす。

そのころには午前一一時を過ぎていて、カミさんが出勤し、開店の準備を始める。厨房では二人の女性従業員が弁当容器にご飯や総菜を詰めている。私は厨房の一角にあるフライヤーで厚揚げをつくる。終わると中庭で押し豆腐をガスバーナーで焼く。

一一時半、開店。オカラドーナツをつくったり、商品を追加し、道具を洗って元の場所にしまったりしているうちに、時間が過ぎていく。バルセロナの商店はどこもそうだが、間口が狭くて奥行きが深い。私の店は入り口から作業場の端まで三三メートルもある。追加の豆腐を売り場に運ぶだけで、相当な距離を何度も歩くことになる。

最初の食事は午後三時に

レストランなどは従業員の食事のために「まかない」を出す。豆腐屋のまかないづくりは私の役目だ。弁当作業の跡片付けが始まる午後二時半ごろ、厨房のコンロを借りて四人分の料理に取りかかる。マーボ豆腐、筑前煮、厚揚げに鶏のひき肉を入れた「挟み煮」、オムライス、カレー、冬はポトフやクリームシチューもつくる。私は中学三年で下宿したときから自炊を経験しているので料理は苦にならない。それどころか趣味の一つになっている。

午後三時、前半の営業が終わって店を閉める。二人の従業員はプラスチックの容器に入れたまかない料理を持って帰宅する。私とカミさんは料理を皿によそって事務コーナーの小卓で昼食をとる。私にとっては、これが一日で最初の食事だ。

午後五時から営業を再開するまでの間にひと休みした後、東方商場へ配達に行く。配達のない火曜と木曜は油揚げの生地を切り分け、一時間かけて脱水し、フライヤーで揚げる。あるいはがんもの生地をつくって揚げる作業をする。

豆腐屋には完全な休日がない。日曜日の夕方も月曜に備えて大豆の洗浄と水浸《みずづ》けをするため店に足を運ぶ。まる一日「オフ」となるのは、年に数回ある連休の初日だけだ。覚悟はしていたが、この忙しさはなんとかならないのかという思いが頭をもたげるときがある。

あるとき、ブログを眺めていて、これは、と思う言葉に出合った。

「流水不濁　忙人不老」

――流れる水は濁らない、忙しい人は老け込まない。

どの漢籍にあった言葉なのか、グーグルで調べたが、出典は不明だった。だれかの造語かもしれないが、私の気分にピッタリなので。紙に書き写して作業場に貼った。

体重は一年あまりで一七キロ減

五月、警視庁キャップだった木村卓而さんと恵子さん夫妻がバルセロナを訪れた。「はじめに」で触れたように、私に「世界名画の旅」取材班への配置換えを告げた上司である。そのおかげでバルセロナを知ったわけだから、豆腐屋の生みの親と言ってもいい。

夫妻は山歩きが好きで、ピレネー山脈をトレッキングするツアーに参加し、最後の日をバルセロナで過ごしていた。連絡を受けて、私はすぐにホテルへ迎えに行き、豆腐屋の工房を見てもらった。機械や道具を見渡して「ほんとうに豆腐屋をやっているんだな」と言った。

自宅にも案内した。「会社にいたころより、ずっと痩せたな」という。そのことは私も自覚していた。大震災の被災者を支援するTシャツが少し残ったので、Mサイズを買ったところ、すんなり着ることができた。最後にMサイズを着たのはいつのことだったか覚えていない。

別れ際に「これ、お土産」と言って、腰のベルトにつける万歩計をくれた。バルセロナで探し求めたが見つからなかった。歩数計のアプリを入れるとスマホを万歩計代わりにできるらしいが、私はスマホを持っていない。ありがたいお土産だった。

元警視庁キャップの木村卓而さん夫妻と

次の日からさっそく万歩計をベルトにつけて過ごし、数字を記録した。東方商場に配達に行く月水金は一日に約二万二〇〇〇歩、配達のない火木土は約一万八〇〇〇歩で、平均すると一日に約二万歩となる。予想していたよりずっと大きな数字だった。

近所の金物屋で体重計を買ってきた。恐る恐る乗ったら、七五キロだった。

日本を出発する前の健康診断で体重をはかったときは九二キロで、肝機能や中性脂肪などの数値もほとんど「黄色信号」だった。血圧は危険なほどに高く、医師から「太りすぎが原因なので減量してください」と言われ、六カ月分の血圧降下剤を処方された。ということは、体重が一年あまりで一七キロも減ったことになる。日本にいたころは一八リットル入りの灯油タンクを腰からぶら下げて生きていたようなものだ。

びっくりした。そして、健康になったはずだと思った。バルセロナでは言葉の問題があるので健康診断を受けたことがない。しかし、体調の良し悪しは自分でも判断できる。私は疲れにくくなった。以前はときどき「のぼせ」を感じたが、まったくなくなった。カミさんは「前はいびきがひどかったけれど、豆腐屋になってからいびきを聞いたことがない」という。

六〇歳を超えてしみじみと思うのは、健康にまさるものはない、ということだ。山海の珍味やオシャレな装いなどはどうでもよい。ただ健康でありさえすれば満足だという気持ちになった。その健康を、私はどうやら手に入れたらしい、

預金も退職金もマンションを売った代金もすべて注ぎ込んで豆腐屋を始めたが、「もうモトは取ったな」と思った。

第８章

異国の文化は「新しい、良い」

思いがけない表彰

開業から四年目の六月、店を訪れたバルセロナ市役所の人から分厚い冊子を手渡された。表紙に「NOU i BO」の文字が切り抜かれ、下の写真が浮き出るように製本された凝ったつくりの冊子だ。カラー印刷で六〇ページもある。

たまたま常連客で通訳の仕事をしている女性が居合わせたので、話を聞いてもらった。国際都市であるバルセロナは、初めての事業として、異国の文化を代表する一二の店を選び、表彰することになった。その中に私の豆腐屋が含まれているという。

カミさんは「そういえば先月、市役所の人が写真を撮りに来たわね」と言った。私も求めら

バルセロナ市発行の冊子『NOU i BO』より

れてポーズをとったことを思い出した。本を開くと豆腐屋の記事と写真が四ページにわたって掲載されている。

私はまずお礼を言った。通訳の女性が「市役所のロビーで表彰されたお店の展示会をしばらく開くので、豆腐や弁当などの商品を出品してほしいと言ってるわ。明日の昼、取りに来るそうよ」というので、承知した。

カタルーニャ語辞典で調べたら「NOU i BO」は「新しい、良い」という意味だ。バルセロナ市役所から「新しい、良い」とお墨付きをもらったことになる。ほかにどんな店がお墨付きをもらったのか、ページをめくってみた。

- AGUA PATAGONIA ――アルゼンチンから来た人がつくる靴の店。
- BANITSA ――ブルガリアから来た人がつくるク

ツキーやパンの店。
- PRINCIPE ── シリアから来た人がつくる餃子のような総菜の店。
- OUT OF CHINA ── 中国から来た人が地元の食材でつくる創作料理の店。
- ORIENTAL DERICATESSEN ── アジア料理の道具と食材の販売店。
- THE ORIENTAL JASMINE ── フィリピンの人が営むネイルサロン。
- LANTOKI ── バスク出身の人による縫製とデザインのワークショップ。
- BENKHADI ── セネガルから来た人がつくる衣料品や小物の店。
- THE PINK PEONY ── フィリピンの人が営むネイルサロン。
- ADDIS ABEBA ── エチオピアから来た人が民族料理を出すレストラン。
- TALLER DE PASTA ── アルゼンチンの人による手づくり生パスタの店。

この中でバスクは法的にはスペインの一地方だが、激しい独立運動の歴史を持ち、広範な自治権を持つので「バスク国」と書かれることが多い。独立運動が盛んなカタルーニャの州都として、バスクを「国」とすることで連帯の意を示したのかもしれないと思った。

ともかく、展示会に出す品物を用意しなければならない。豆腐は何日間も展示できないので、白い絵の具を溶いた水を入れてパック詰めした。弁当や油揚げなどは写真のパネルを作成した。

展示会の会場で

日本酒やみそ、しょうゆ、即席めんなど、日本を感じてもらえる食品も用意した。

展示会は大がかり

翌日、ひとそろいの品物を市役所の人に渡したあと、「OUT OF CHINA」の女性オーナーが店を訪れた。一緒に表彰された料理店である。彼女に市役所の冊子を見せて「フェリシダーデス（おめでとう）」と言ったら、「あなたも」と笑った。以下は、カミさんのスマホで翻訳された彼女の話だ。「委員会の最終選考で全員賛成だったのは豆腐屋だけだと聞いた。表彰式を欠席したのも豆腐屋だけだった。市役所の人たちは悲しそうだった」。

表彰式があったとは知らなかった。写真を撮影したときに説明されたのだろうか。スペイン語がよくわからないために私たちは表彰式を知らずにいたのだ。情けなかった。

展示会の初日、私とカミさんは昼休みになるや、すぐ市役所へ行った。旧市街にある歴史的な建物である。半円形のアーチが高い天井を支え、優雅なシャンデリアがいくつも吊り下げられている。私は展示会の受付の人に店のカードを渡し、さらに持参した冊子を広げて表彰された店の経営者であることを示した。

想像していたよりも大がかりな展示会だった。広いロビーの半分ほどに一二のブースが設置されている。豆腐屋のブースには私が渡したダミーの豆腐や日本の食品が並べられ、「BENTO」ののぼりも飾られている。壁にはカタルーニャ語で書かれた豆腐屋の説明と店の所在地を示す地図のパネルが貼られていた。あらためて、たいへんな栄誉を受けたのだと感じた。

しかしカミさんによると、展示会が始まってからも表彰に触れるお客はほとんどいないという。お客の数もとくに増えてはいない。私は表彰が売り上げ増につながるとは期待していなかったので、落胆しなかった。それよりも、新聞記者のころからの癖で、バルセロナ市役所はなぜ「異国の文化」を表彰したのかという疑問のほうに、むしろ興味があった。ここで暮らして見聞したことを思い出しながら、私なりに考えた。

バターも受け入れる気風

バルセロナの食習慣は、スペインのほかの地域とかなり違っている。たとえば、フランス人が好むバターを受け入れる度合が高い。

地中海に面したポルトガル、スペイン、イタリア、ギリシャなどは主にオリーブオイルを使う。さまざまな研究により、不飽和脂肪酸を多く含むオリーブオイルをたくさんとる食事が健康に良いとされ、「地中海食」として広く知られるようになった。

スペインでもマドリードや南部のアンダルシアなどでは、パンに生ハムを載せてオリーブオイルを垂らした「トスターダ・デ・ハモン」や、植物性の油で揚げた細長いドーナツのような「チュロス」などが朝食の定番である。しかし、カタルーニャでは、バゲットにトマトをこすりつけた「パン・コン・トマテ」とともに、クロワッサンとミルク入りコーヒーが朝食の定番なのだ。

クロワッサンは、パン生地にバターを挟み、何度も折りたたんでつくる。スペインには、喫茶店と居酒屋を兼ねたような「BAR《バル》」がいたるところにあり、市民はバルやカフェで朝食をとるが、どの店も朝はクロワッサンが山積みになっている。

豆腐店の近くに「Mantequería《マンテケリア》」の看板を掲げた店があり、直訳すると「バター屋」で、現代では高級食料品店を意味する。もちろんバターも置いている。

「おいしいバターをください」と頼むと、ご主人はいつも赤と黒でデザインされた包装のバターを持ってきた。スイスとの国境に近いフランスの村でつくられているという。値段は六ユーロ(約八〇〇円)ほどだったと記憶している。たしかに香りが良く、おいしかった。何度目かに買いに行ったとき、このバターがなかった。ご主人は「しばらく入荷しない」という。代わりに黄色い箱に「CADi」と書かれたバターを持ってきた。「これが二番目においしい」という。スーパーで見かけたことがあり、値段も高くない。開けると、中学時代を過ごした函館のトラピストバターのように白くて、おいしかった。箱に書かれた説明によると、ピレネー山脈の中腹の村で協同組合がつくる製品だった。

バルセロナでクロワッサンが好まれるようになったのは、スペイン継承戦争と無縁ではないだろう。一八世紀の初め、病弱だったスペイン王カルロス二世の次の王を、フランス・ブルボン朝のフィリップ公にするか、ハプスブルク家が推すカール大公にするか、各国も介入して争った。曲折の末にフィリップ公が王位を継ぐが、フランスはのちに最後までカール大公側に立ち続けたカタルーニャに二万の大軍を派遣して陥落させた。一七一四年のことだ。

ブルボン朝の制裁は過酷で、政府や議会、独自の法律は廃止され、カタルーニャ語の公的使用は禁止された。大学はすべて僻地に移された。降伏した九月一一日は、いまでも「カタルーニャ国民の日」とされ、フランスとの闘いを鼓舞し続けた当時のバルセロナ市議会議長の銅像の前で式典が開かれている。最近は独立派の大きなデモがこの日に行われている。

ブルボン朝に征服された屈辱は現代まで語り継がれてきたが、だからといってフランスの物はことごとく嫌いだ、とはならないところに、カタルーニャの気風を感じる。クロワッサンとバターに対しても「新しい、良い」という評価を与え、受け入れたのではないだろうか。

パスタもチョコレートも

異国の食文化を取り込んだ例は、ほかにもある。一二世紀、カタルーニャを治めていたバルセロナ伯と隣のアラゴン王国の王女が結婚し、連合王国がつくられた。国力が増すにつれて連合王国は地中海での領土拡大を企て、まずシチリア島を奪い、次にナポリを中心とするイタリア南部も征服した。羊のチーズで有名なサルデーニャ島も併合した。このとき、イタリアの食文化、とくにパスタがカタルーニャに流入したと言われている。

その結果、スパゲッティやマカロニなどのほかに、針のように細くて短い独特のパスタがつくられるようになった。これを米の代わりにパエリャに入れて魚介のスープで煮込む。「フィデウア」という名前の料理で、バルでも定番の一つになっている。

バルセロナの「チョコレート博物館」はアステカ文明のメキシコに起源を持つカカオがヨーロッパに伝わった歴史を展示している。私は二度訪れたが、興味深い内容だった。

コロンブスは一五〇二年の最後の航海で中米へ行ったときにカカオ豆を見つけ、フェルディナンドとイザベラの両王に献上した。場所は両王が静養中だったカタルーニャの修道院だったという。現地ではすりつぶして強壮剤としており、唐辛子を入れることもあった。

やがて苦みを抑えるために砂糖や牛乳を加え、唐辛子の代わりにシナモンなどを入れるようになった。固形のチョコレートができたのは、機械を使ってカカオ豆の脂肪分であるカカオバターを取り出せるようになってからだ。その機械も博物館に展示されている。

固形になってから、チョコレートは贅沢なお菓子としてフランスやベルギーなど各国に普及した。上陸地だったバルセロナにも製造業者がたくさんできたが、いちばん古い店は創業が一七九七年である。地場の老舗がつくる木の実をたくさん入れたチョコレートや、寒い日に飲むホットチョコレートが私のお気に入りだ。

マヨネーズは、地中海のメノルカ島で最初につくられたといわれている。一八世紀半ば、当時イギリス領だったこの島にフランス軍が上陸し、イギリス軍に攻撃をしかけた。その指揮をとっていたリシュリュー公爵は港町マオンのレストランで見たことのないソースに出合った。公爵はそのソースを気に入り、パリで「Mahonnaise（マオンのもの）」として紹介した。「これがマヨネーズの最も有力な起源説」と、キユーピーのホームページにも載っている。

マヨネーズは卵と酢と植物油を混ぜてつくるが、カタルーニャの人びとは卵の代わりにニンニクの絞り汁を入れ、よくかき混ぜて乳化させた「アリオリ」をつくった。見た目はマヨネーズと同じだが、さっぱりしていて、ニンニクのにおいもさほど強くない。野菜や肉、パエリャなどいろんな料理に添える。これもカタルーニャ風の解釈だと思う。

連合王国の最盛期には版図は現在のギリシャにまで及び、主要な港には必ずカタルーニャの商館が設置された。世界最古の海事法令集もカタルーニャ語で編纂された。だから貿易相手の中近東を含めてさまざまな国の食文化がカタルーニャにもたらされたことは間違いない。

黒焦げの野菜も名物に

異国のものではないが、カタルーニャの冬の風物詩である「カルソッツ」にも、なんでも取り込むこの土地の気風を強く感じる。

これは、タマネギの芽を伸ばして長ネギのようにしたものを真っ黒に焼き、焦げた皮をむいて食べる料理だ。合わせるソースはオリーブオイルにトマト、ニンニク、地元特産のアーモンドやヘーゼルナッツ、松の実を加えてすりつぶしたもので「ロメスコ」と呼ばれる。

焦げた皮は必ず手でむく。ソースにつけ、青いところをつまんで高く持ち上げ、カルソッツを見上げながら口に入れる。「上品」とはほど遠い、野蛮な食べ方だ。郊外には専門レストランがいくつもあり、お客は店が用意したエプロンと手袋を着けて席につく。市内のレストランも冬はメニューに載せるところが多く、必ずエプロンと手袋を添えて出す。

言い伝えによると、バルセロナの隣のタラゴナ県にある村で、収穫したカルソッツを誤って焚き火で黒焦げにしてしまった。捨てる前に皮をむいて食べたところ、甘くておいしいのに驚いた。それ以来、真っ黒に焼いてから食べる調理法がカタルーニャ州全域に広まったという。

サグラダファミリアの広場で数千本のカルソッツを焼いて市民に分けているところを見た。老いも若きもカルソッツを高く持ち上げて食べる光景は、まさに「奇観」だった。

カルソッツ，広場で

異国の食材であれ、黒焦げの野菜であれ、食べたことのないものに出合ったとき、カタルーニャの人びとは排除するのではなく、まず受け入れて、インスピレーションを得ようとするのだろう。そして、自分たちの好みに合うように工夫しながら取り込んできたのだろう。

バルセロナ市役所が異国の食べものなどを「新しい、良い」として表彰したのは、それらがインスピレーションの源泉であり、生活文化を豊かにすると考えたからだと、私は思った。

表彰するということは、それらを生んだ国や地域に対して「リスペクト」するという意思表示でもある。市役所から敬意と尊重の意思を示されると、異国のものをつくっている私たちは、さらにがんばろうという気持ちになる。独自の生活文化を持つ世界中の国ぐにで「バルセロナでやってみよう」という意欲が高まる。国際都市を標榜するバルセロナが、ますます世界のさまざまな生活文化を引き寄せることにつながる。

異国の食べ物と日本人

異国の食べ物に工夫を凝らして取り込むことは、日本も得意としてきたことだ。

新横浜ラーメン博物館によると、幕末に神戸や横浜などが開港し、中国の麺料理が日本に伝わった。明治の終わりごろ、東京・浅草に日本人が経営する中華料理店が開店し、日本人向けにアレンジした「南京そば」「支那そば」が人気を集め、ラーメンの原型となった。その後、さまざまに進化を遂げてきたことは多くの人が体験している。

一九五八年に日清食品がお湯をかけただけで食べられる「チキンラーメン」を売り出すと世

界中で人気になり、「ラーメン」は国際語になった。世界ラーメン協会によると、二〇二二年の即席ラーメンの消費量は世界で一二〇〇億食を超えた。その三分の一あまりは故郷の中国が占める。次いでインドネシア、インド、ベトナムと続き、発祥の地である日本は五位だ。

もう一つの国民食であるカレーはインドの伝統料理だが、農林水産省のウェブサイトによると、一九世紀にイギリスでカレー粉がつくられ、それが明治時代に伝えられた。やがて日本でも安価なカレー粉がつくられるようになり、タマネギ、ジャガイモ、ニンジンが量産されるようになって、大正時代に日本のカレー料理の原型ができたという。「日本のカレーはインド生まれ、イギリス育ちだが、どちらとも違う料理です」とある。

国民食と言われるほど広がったのは、戦後まもなく発売されたカレールーのおかげだろう。子どもでも簡単においしいカレーをつくることができるようになった。カレーうどん、カレー南蛮そばも定着した。カレーパンは昭和初期に早くも登場している。

餃子も日本で独特の進化を遂げた。中華料理の全国組織によると、中国では紀元前の漢の時代から小麦粉の皮で野菜や肉を包む料理があったが、「餃子《ジャオズ》」と名付けられたのは一四世紀だという。ただし、中国では茹でる水餃子か蒸し餃子が主流で皮が厚い。焼き餃子は主人が食べ残した水餃子を使用人が焼きなおして食べるものだった。

日本では焼き餃子が一般的で皮が薄い。中国では餃子そのものを主食とするが、日本ではご飯のおかずとして食べる。当然、味付けも違ってくる。いまでは家庭でも簡単につくることができるようになったが、後押ししたのは冷凍技術だ。

私の店では日本の三社の冷凍餃子を販売しているが、どれもよく売れる。私も買って自宅で味わったが、三種ともおいしいので感心した。二〇二一年の東京オリンピックでは選手村の食事で冷凍餃子の焼きたてが提供され、選手らが相次いで「世界一おいしい」とSNSで発信し、話題になった。冷凍餃子も日本が異国発祥の食べ物を変えた好例だと思う。

異国の店をリスペクト

そうした例は数えあげるときりがない。

朝鮮半島の伝統的な漬物であるキムチはどのスーパーにも並んでいる。一般社団法人食品需給研究センターによると、日本での消費量は一九九九年にタクアンや浅漬けを抜いて、ついに一位になった。韓国からの輸入品は一割ほどで、ほとんどは日本の製品だ。韓国では長く漬けて発酵させるが、日本産は調味液に漬け込む浅漬けが多く、そちらが好まれている。

焼肉も日本流のアレンジで人気が高まった。本家の韓国では、味付けした肉を野菜と一緒に専用の鍋で炒め煮する「プルコギ」が主流だが、日本では生の肉や内臓を鉄板で焼いてからタレにつけて味わう方式がほとんどだ。

日本も異国の食べ物と出合うことで豊かな食生活を築いてきた歴史を持つ。しかし、日本のどこかの市役所がそういう店を表彰したことがあるだろうか。市民を代表して異国の店をリスペクトしたことがあるだろうか。

バルセロナと日本の違いはそこにあるのではないか。

第9章

日本食ブームは、より広く、より深く

寿司やすき焼きだけでなく

「日本食ブーム」という言葉を見聞きするようになって久しい。豆腐を仕入れに来る日本料理店の人たちから聞いたところでは、バルセロナ市内には二〇〇軒以上の日本食レストランがあるということだった。欧州の都市の中ではきわめて多い。ただし、そのうち日本人が経営する店は四〇軒ほどしかなく、八割近くは中華料理店が看板替えしたものだという。

中国産の粉ミルクで乳児が病気になったことや、冷凍野菜に高濃度の殺虫剤が含まれていたことなどが欧州でも大きく報道され、多くの中華料理店が転業した。「日本食は高いけれど健康に良い」という評価が定着していたので便乗したといわれる。

街のいたるところに「SUSHI」の看板がある。入り口に置かれたメニューを見ると、ほとんどの店が「GYOZA」も載せている。日本人のお客は、そういう店を「なんちゃって日本食レストラン」と呼んでいた。逆に言うと、寿司の店に商売替えしようと中国の人に思わせるほど「日本食ブーム」はバルセロナでも定着していたのだと思う。

一方で、寿司以外の日本食を出す店が急増した。広島風お好み焼きと関西風お好み焼きの店が相次いで開店した。焼きそばやたこ焼きなどを出す大衆酒場の店も登場した。長野県でそば打ちの修業をしたイギリス人が茶そばと焼き鳥の店を開いた。「食堂」を名乗って開店した日本料理店は、寿司のほかにオムライスやカツカレーをランチタイムに出して話題になった。これらの店の人は豆腐を仕入れに来て、お客が着実に増えつつあると話してくれた。

一九八三年開業の老舗だが、お菓子の「OCHIAI」の存在も大きい。店主の落合尚《たかし》さんは、大福、まんじゅう、どら焼きなどの和菓子だけでなく、モンブランやショートケーキなどの洋菓子もつくっている。きめ細かいふわふわのスポンジや意匠を凝らした美しい形は、日本では見慣れたものだが、バルセロナではなかなかお目にかかれないものだった。

寿司やすき焼き以外の多彩な日本料理がこの街に出現する様を、私は目の当たりにした。

漫画やアニメブームが後押し

その背景に、日本そのものに対する高い評価があったことを見過ごすことはできない。年配のスペイン人は「キヤノン」「ニコン」「ソニー」「パナソニック」などの名をあげて、日本製品の良さを讃える。改装工事を監督したセラーノさんは大のバイク好きだが、「ホンダ、カワサキ、ヤマハ、スズキ」と続け、「日本製が最高だ」という。

三〇代より若いスペイン人は「漫画やアニメのファンだから日本が好き」という人がほとんどだ。スペインには子ども向けにアニメを放送するチャンネルがあり、「ドラえもん」「ドラゴンボール」「キャプテン翼」などを見て育った世代が社会の中堅になりつつある。

また、宮崎駿さんの作品は世代を超えて高く評価されている。ときどき豆腐を仕入れに来るベジタリアン向けのレストランを訪れたら、壁の一面が「となりのトトロ」の絵で飾られていた。コースターの図柄も「トトロ」だった。

バルセロナには一九九〇年代から続く「SALON DE MANGA（漫画サロン）」という催しがある。一八回目の二〇一二年は「食べ物漫画」のコーナーがつくられ、日本の有名な「京料理」の店が実演をすることになって、豆腐二〇丁の注文を受けた。開幕当日、私はカートに豆腐を積んで配達に行き、会場の大きさに驚いた。

国際見本市が開かれるところで、そこに何万人もの人が詰めかけている。スペイン語に翻訳された漫画の単行本やキャラクター商品が見渡す限り並び、上映会は人があふれている。階段の周りには、漫画の登場人物の衣装やカツラを着けてコスプレした若い人たちが長い行列をつくっていた。行列の先頭と最後尾は見えない。相当な数だろう。

「食べ物漫画」のコーナーをのぞいてみた。ラーメン漫画だけでも二作品ある。ページをめくると、ラーメンをすするシーンに「ZU, ZUH」とアルファベットで擬音が描かれていた。カレー漫画、日本酒漫画などもあった。まるで日本食の教材のようだ。

会場の一角には飲食できる広場があり、大衆酒場の店が焼きそばやたこ焼き、おにぎりをつくって販売している。どの店も行列ができ、OCHIAIのどら焼きにも人だかりがしていた。漫画と日本食が直結していた。

四日間の催しが終わった後、地元の新聞に「今年の漫画サロンにコスプレで参加した人が一〇〇〇〇人を超え、主催者はギネスブックへの申請を検討している」という記事が載った。首都ではない一都市の催しで世界一の記録が出るとは……。

アルベルトさんの無農薬コシヒカリ

料理の「幅」が広がっただけではない。カタルーニャ州では日本の食文化の「基層」にまで掘り下げられ、より広く、より深い流れになっていると感じる。

バルセロナのThe Matcha House Europe社(ざ・抹茶はうす)は日本の抹茶や緑茶を欧州各国に通信販売している。日本企業に勤めていた薬師神洋子さんが退職後に一人で事業を立ち上げた。私の豆腐屋は開業当初から特別に抹茶の売り場を設け、販売してきた。

売り場には、抹茶を混ぜる「茶筅《ちゃせん》」も置いているが、これを買うスペイン人がけっこう多いのだ。薬師神さんは講習会を開いてスペインの人に「お茶の点て方」を広めてきた。屋外で野《の》点《だて》もされた。バルセロナで抹茶を楽しむ人が多くても不思議はない。

日本料理の「懐石」は、盛り付けの美しさや料理に対する考え方が世界中の一流シェフに影響を与えたといわれている。その懐石はもともと茶の湯の主催者が来客をもてなすための料理であり、根底には茶道がある。抹茶は日本食の深い理解につながると思う。

北部のパルスという村に住むアルベルトさんは農薬を使わずに「あきたこまち」と「コシヒカリ」を栽培している。しかも乾燥機を使用せず陽光と風だけで自然乾燥させる。収穫量が増えたので外販できるようになったと聞いて、豆腐屋で扱うことにした。

最初に入荷した「あきたこまち」を買って自宅に持ち帰り、炊飯器で炊いてみた。茶わんによそうと、ご飯から立ちのぼる香りがほかの米と比べて段違いに良い。味もおいしい。カミさんも「ご飯だけで何杯も食べられるわね」と感心した。

私は新潟県魚沼郡を旅行したとき、コシヒカリの稲束をスキーリフトに積んで自然乾燥させた有名な「天空米」を買ったことがある。たしかにおいしかったが、アルベルトさんの米も遜色ないどころか、無農薬栽培という点で勝っているように感じた。

豆腐屋での販売価格は一キロ六・八ユーロ(約九二〇円)。一キロ一ユーロ以下で安い米を買えるスペインでは「超」の字がつくほど高い値段である。しかし、新潟で買った自然乾燥米に比べると半額以下だ。日本の米の値段を知っているお客はすぐアルベルトさんの無農薬米のファンになった。国境に近い南フランスの和食レストランは、フェイスブックの告知を見て、わざわざ買いに来た。「ご飯は和食の柱だから」と言った。

農薬は米の胚芽などにたまりやすい。無農薬栽培の利点は、胚芽や外皮から成る米ぬかを安心して使えることだ。大勢の客に「米ぬかもほしい」と言われ、二回目から米ぬかも仕入れた。まとめ買いした和食レストランは「ぬか漬けをメニューに加える」という。

アルベルトさんのお米も日本食ブームに深みをもたらしたはずだ。

スペイン人がつくる清酒、手前みそ

二〇一五年、カタルーニャ州で日本酒を醸造する酒蔵が相次いで開業した。

一つはアントニ・カンピンズさんがピレネー山麓の村につくった「絹の雫《しずく》酒造」。カンピンズさんは日本が好きで、箸などにヒントを得た調理道具の製造で財を成したあと、日本酒を研究して『*SAKE: La Seda Líquida*（酒――絹の雫）』という本を出した。この本を機に日本の酒造会社と縁ができ、指導を受けて自分でつくることにした。

日本から酒米の山田錦と冷凍の米麹を取り寄せ、教会だった石造りの建物で仕込んだ吟醸酒は、翌年に三〇〇〇本、次の年は五〇〇〇本と販売量を増やし、私の豆腐屋でも販売を始めた。すっきりした味わいの立派な吟醸酒だった。

もう一つはタラゴナ県の「KENSHO」。スペインでも有数の米どころであるエブロ川のデルタ地帯にあり、目の前は地中海だ。ウェブサイトによると「自分の本質を発見するという意味の日本語が社名の由来」だという。サイトには「顕正」の文字が見える。仏教の言葉で「正しい真理をあらわし示すこと」（広辞苑）という。

この土地で四代続いてきた農家が米の良さを知ってもらおうと家族経営で始めた。原料は自分でつくっている。麹もたくさんつくって外販し、甘酒も販売している。私の豆腐屋は麹を仕入れているが、「タラゴナ産ですよ」というと、日本人のお客はたいてい驚く。

日本酒の醸造が広がってまもなく、お客の土保《どほ》やよいさんから「豆腐屋で自家製みそづくり講習会を開きましょう」との提案をいただいた。大豆を煮るのは私が得意なことだ。麴はタラゴナから安く手に入る。たいした宣伝もしなかったのに参加希望者は三〇人近くになった。会場は売り場と工房の間の狭いスペースなので、二回に分けて開くことにした。

驚いたことに、参加者の六割近くがスペインの人たちだった。土保さんの指導で、煮た大豆と米麴、塩をかき混ぜ、チャック付きのビニール袋に入れていく。講習の終わりに、私は塩鮭のおにぎりとカップ入りのみそ汁をふるまった。これも好評だった。

かつてはそれぞれの家でみそがつくられていた。「手前みそ」という言葉がいまも残っている。みそは日本食の基層といってよい食材だ。その自家製みそが二一世紀のバルセロナでスペイン人も交えてつくられている――目の前の光景に、私はちょっと感動した。

バルセロナの北方、ピレネー山脈が地中海に落ち込むモンセニーという地域で、二〇一八年、二人のスペイン人がワサビの栽培に成功した。豆腐屋で販売しませんかと打診されたが、値段が高くて鮮度を保つことが難しいので、高級レストランへの直接販売を勧めた。

四年間の辛抱でラーメン屋を開業

ありきたりの日本食ブームでなく、それを広くて深い潮流に変えた人びとの中には、日本の若い人たちがいる。頼もしいなと感心する。

ヒロ君は日本の大手運輸会社に就職し、東京で働いていたが、二〇〇八年の暮れに退職してバルセロナへやってきた。二六歳だった。ずっと「東京は自分に合わない」と感じていた。自分の好きなラーメンを外国でつくろうと考えた。

バルセロナを選んだのは「スペイン語が上達すれば働き口はある」「海のそばに住みたい」という理由による。学生ビザは取得していたが、手持ちの資金は一〇〇万円しかなかった。

仕事を探して最初に訪れた和食レストラン「天ぷら屋」で自分の夢を話し、すぐに採用された。学生ビザで就労するには雇用主が面倒な手続きをする必要があるが、その手続きもしてもらって労働契約を結んだ。働きながらラーメンの研究を続け、店のまかない料理に出して仕事仲間の感想を聞いた。やがて、店長から土曜日の昼だけお客に出してもよいと許可をもらった。「今日はラーメンがありますよ」と声をかけて希望する客に出す「裏メニュー」だ。お客の声を聞いて、さらに自分が求める味を追求した。

スペインでは学生ビザで三年間滞在すると一般の労働居住許可に変更できる。さらに一年滞在すると自営業の登録ができる。四年間の努力が実ってラーメン屋を開く日が近づいた。

店にする物件は、店長の奥さんが見つけてくれた。中心部の地下鉄の駅から徒歩三分の場所にあり、以前はバルだった。スペインでは、前の経営者から営業許可を買い取って飲食店を開く方法がある。「トラスパソ」と呼ばれるこの権利は三万ユーロ(約四〇〇万円)、家賃は月額九〇〇ユーロ(約一二万円)だった。相場よりもかなり安い。

ヒロ君は日本から中古の製麺機を輸入し、倉庫に保管してあった。ラーメンの縮れ麺に合う小麦粉をいくつか選び、ブレンド比率も決めていた。サイドメニューは餃子と冷ややっこ。餃子づくりはヒロ君を応援してきた別の和食レストランのマネージャーがボランティアで引き受け、毎日届けてくれることになった。豆腐は私の店から仕入れた。

バルセロナには麺類を出す中華料理店はあったが、日本人がつくる本格的なラーメン屋の第一号である。「ラーメン屋ヒロ」が開業した日、オープン前から行列ができた。客のほとんどがスペインの人で、若い世代が目立った。

助手や配膳係として従業員を雇ったが、ラーメンをつくるのも仕込みも自分一人だけ。睡眠時間を削る日が続いた。開店から二週間ほど経ったころ、豆腐を仕入れに来て「今朝、まな板に突っ伏したまま寝てしまいました」と照れ笑いした。私はビタミン剤を瓶ごと渡した。

豆腐を注文しても引き取りに来られないことが何度かあった。カミさんは店のレジを閉めた後、「私が届けてくる」と言って配達した。帰りが遅いなと思ったら、「カウンターの空いた席に座らせてくれたからラーメンを食べてきた」という。満足げな顔だった。

ヒロ君の成功を見て、ドイツの中華料理店がラーメンのチェーン店を開き、目抜き通りに英国資本の高級店ができるなど、開店ラッシュが続いた。日本人がつくる本格的な店も増えた。バルセロナだけで二〇店を超えるだろう。それでもヒロ君の店はいまも行列ができる。

休業法人を利用したカフェ

純子さんはバルセロナで初めての日本式カフェを開いて成功した。

航空会社に入社して客室乗務員になり、東京で暮らしていたが、勤続一〇年が近づいたころ、JR品川駅のホームでめまいがして倒れた。一緒に並んでいた人たちは、だれも助けようとせず、声もかけずに電車に乗り込んだ。こんなに人があふれ、ひしめいているのに、人のつながりが感じられない。ホームに取り残されて、そのことに衝撃を受けた。

写真家でスペインでの仕事を引き受けていた婚約者に「日本を出て別の国で暮らそうよ」と持ちかけた。彼も賛成した。行き先はスペインと決めた。スペイン語を覚えれば多くの国で生きていける。それに知り合いが一人もいない。日本のしがらみを引きずりたくなかった。

旅立ちは二〇〇六年、純子さんが三一歳のときだった。新婚旅行を兼ねて、まず南部のセビリアに向かった。二週間のホームステイで人びとの温かさに触れた。でも仕事がない。そこで次の候補地だったバルセロナに決めた。

語学学校で入学手続きをし、学生ビザを取った。学校の紹介でシェアハウスに入居したが、半年後、別の賃貸住宅に移った。家賃は月額五〇〇ユーロ(約六万八〇〇〇円)。スペイン語を学ぶことが渡航の目的だったが、バルセロナが気に入り、働くことを考えた。

夫はサッカーの世界的な強豪チーム「FCバルセロナ」を中心にスポーツ写真に力を入れ、日本のメディアに送る仕事が軌道に乗り始めた。純子さんも日本の商店で働き始めたが、いつまで経っても労働契約を結んでくれず、不法なモグリ労働のままだった。

スペインでは不法就労を「Negro(黒)」と呼ぶ。労働契約を結ばなければ雇用主が主に負担する社会保険料を払わずに済むので、ネグロで働かせる店が跡を絶たない。純子さんは数年は我慢していたが、ある日、考えを変えた。

アジア食材店で大福を買って食べたらあまりにもまずくて「これが日本の大福だと思われることは許せない」と怒りが湧いた。菓子づくりは趣味でやっていたので、もち米の粉や小豆を買い、台所で試作を重ねた。満足のゆくものができたので、知り合いのレストランに持ち込んで評価してもらった。私の店にも「試食してください」と持ってきた。

とてもおいしい大福だった。カミさんも「これは売れる」と言った。生菓子でなく冷凍で入荷するのがありがたかった。一、二カ月は冷凍庫で保存できるので、商品管理が簡単で売り損じもない。純子さんに「ぜひ仕入れたい」と回答した。

純子さんは労働資格を得ること、製造販売の営業許可を取ることを真剣に考え始めた。そのためにまず休業法人を探し、友人のスペイン人女性を代表者に立てて安く買い取った。次に飲食店だった空き物件を探し、高級住宅街で見つけた。法人名義で賃貸契約を結び、営業許可のトラスパソも買い取った。そのうえで法人と自分との労働契約を結んだ。すべての費用を純子さんが払ったが「思いのほか安く済んだ」という。

働く資格と営業許可を得て、本格的に大福をつくり始めた。粒あんやイチゴのムースを包んだものなど四種類をレストランなどに配達した。豆腐屋ではすぐ人気商品になった。

改装工事を終えてカフェを開店すると、さらに新商品を繰り出した。飲み物は日本のカルピスやメロンソーダ、菓子はロールケーキ、抹茶ケーキ、そしてメロンパンや焼きそばパンも。「こんなのがあったらいいいな」と思いついたものを次々とつくった。お客の八割を占めるスペイン人の間でメロンパンは話題になった。

開業して一〇年が過ぎたが、店の経営は順調だ。開業当時から守ってきたことが一つある。夏に六週間、冬に一週間のバカンスを必ずとることだ。「食べ物は日本がいいけれど、働き方はスペイン流がいいと思うので」という。

日本の野菜を無農薬で栽培

二見英典さんと奈美さん夫妻は二〇一五年、カタルーニャ州の北部で日本の野菜を無農薬でつくり始めた。英典さんは東京農業大学で学んだ農業の専門家だ。卒業後、京都府の農家で京野菜のつくり方を実地に学んだ。奈美さんはスペイン料理店の調理部門で働いていた。二人は知り合って結婚し、兵庫県芦屋市でスペイン・バルを開店した。

英典さんが店の近くで畑を借りて野菜をつくり、それを奈美さんが調理する「自家製野菜の店」が看板だった。売り上げはまずまずだったが、飲食店の仕事は夜が遅く、子どもを育てるゆとりなどないことが不安だった。

「農業一本で暮らしていけないだろうか」。二人で相談し、スペインへ行くことを決めた。英典さんが卒業旅行でヨーロッパを回ったときに、バルセロナは冬も温暖なこと、人びとが親切なことを実感していたので、バルセロナを移住先に選んだ。

野菜の販売を安定させるにはレストランの固定客をつかむ必要がある。食べられる花や料理に添えるミニ野菜などレストラン向けの特殊な野菜を専門につくる農家が千葉県にあり、英典さんはそこで研修を受けた。二〇一四年、二人はバルセロナを訪れ、ヴィリャ法律事務所で労働許可の取得方法を相談した。

農業の場合は法人の出資金が七万ユーロ(約九五〇万円)あれば初年度に一人の労働許可が下り、次年度には二人目の許可が下りると説明を受けた。弁護士夫人の土屋順子さんは「お豆腐屋さんでも話を聞いたほうがいい」と助言し、二見さん夫妻は私の店にやってきた。

私は、日本の米をつくっているアルベルトさんのことを教えたが、農業で暮らしていけるのだろうかと心配だった。野菜は単価が安く、仕事はきつい。大雨や日照りなどに見舞われる恐れもある。「慎重に、よく考えて」と、よけいなことを言ってしまった。

翌年、二見さん夫妻はまた豆腐屋を訪れた。英典さんは「ここで農業をすることに決めました」と言った。奈美さんは生まれたばかりの長女を抱いていた。

アルベルトさんの水田があるパルス村で四カ所、計〇・八ヘクタールの畑を借りた。土を耕し、日本から持ってきた種子をまき、育てた。野菜は毎週火曜日を入荷日と決め、私はその日の朝に店のフェイスブックでどんな野菜が届くかを告知することにしたが、二見さんの有機野菜はバルセロナの日本人社会で大きな話題になった。

火曜の朝は開店前からお客の行列ができ、二見さんのトラックが到着するのを待ち構えている。二見さんが野菜を店に運び入れるや、お客が群がる。少し値が張るが、二見さんのダイコンやカブにはみずみずしい葉がついている。新鮮な野菜の葉はスペインでは貴重であり、しかもおいしいので、お買い得と言える。

細長い日野菜《ひのな》カブ、色がきれいなアヤメカブ、赤茎ホウレンソウなど、関東では見かけない京野菜もあった。スペインのカボチャは加熱するとべちゃべちゃになるが、二見さんのクリカボチャはほくほくとした日本の味だ。朝採りの枝豆は香りも甘みも際立っていた。

現在、有名店を中心に四五のレストランが顧客になり、定期的に配達している。配達する日は午前三時半に起きて野菜を収穫し、洗って束ねる作業をする。レストランで二見さんの野菜を食べる人たちは「珍しい野菜」としか思わないかもしれない。しかし、その野菜には日本の風土と食の歴史が込められている。

二人の子どもたちは村に一つしかない小学校と幼稚園に通うようになった。帰宅すると畑で遊ぶ。都会育ちの英典さんは「ここで子育てできることは幸せです」と話している。

第10章　「どちらから来られました？」「北極から」

国外から日本人客が来てくれた

バルセロナで豆腐をつくっても、卸売だけであればお客と会う機会はない。実店舗を持ち、対面販売をしていたからこそ、さまざまな人びとと出会うことができた。

開業して二年目を迎えたころから、国外で暮らす日本人の来店が目立つようになった。北アフリカのモロッコ、チュニジア、遠くは中近東のイスラエル、トルコなどから観光のついでに訪れて、弁当や豆腐を買ってくれた。欧州は半分以上の国から来てくれただろう。

ある日、フィンランドに住む日本人の若い男性が来店した。ヘルシンキで日本のアクセサリーや小物を売る店を開いたばかりだという。フィンランドは面積こそ広いが人口は五五〇万人ほどしかいない。首都のヘルシンキも約六七万人で、静岡市より少ない。「よく決意しましたね」と言ったら、「かもめ食堂」という映画に勇気づけられたという。「かもめ食堂」は私も好きな作品だ。ヘルシンキに移り住んだ日本の若い女性が小さな食堂を開き、知り合った女性たちの協力を得て人生を切り開いていく。

二週間ほど経って、その男性から郵送でCDが届いた。シベリウス作曲の交響詩「フィンランディア」が収められていた。作曲された時期、フィンランドは帝政ロシアに併合され、圧政に苦しんでいた。聴く人を奮い立たせる曲で、独立運動の激化を恐れたロシア帝国が演奏禁止にしたことはよく知られている。自宅で聴いて、私も鼓舞された。

キャリーバッグを引いて来店した三人の若い日本人男性は「コソボから来ました」と言った。コソボは北のセルビアと南のアルバニアに隣接し、岐阜県ほどの面積を持つ小さな国だ。かつてはユーゴスラビア連邦共和国を構成するセルビアの自治州だったが、アルバニア人が多いコソボでは独立運動が激化し、セルビア系住民との間で武力紛争が続いた。NATOの空軍がセルビアを空爆し、国連が介入してコソボは独立を宣言したが、その後も紛争が続いた。

三人とも土木の技術者で復興を支援しているという。「危険な仕事ですね」と言ったら、「国連軍がいたるところにいるのでスペインより安全ですよ」と笑った。「コソボには日本人が何人いるんですか?」と尋ねると、「私たち三人だけです」と答えた。

小さいとはいえ、一つの国から在留邦人の全員が来てくれたことになる。なんだかすごい出来事のように思われたが、カミさんから「たった三人でしょ」とたしなめられた。

もっと高い値段で売れるのに

イギリス、ドイツ、フランスからは季節を問わず、そこで暮らしている日本人が観光でバルセロナを訪れた際に、豆腐屋にも立ち寄ってくれた。その人たちは決まって「なぜ、こんな小さな都市で店を開いたの?」と質問した。

無理もない。在留邦人の数で見るとバルセロナは比べようもないほど少ないのだ。二〇一一年一〇月現在で外務省が調べた「在留邦人数・上位五〇都市」によると、大ロンドン市には約三万七〇〇〇人、パリには約一万人の日本人がいる。ドイツのデュッセルドルフには欧州でも最大級の日系企業コミュニティがあり、ここにも約八二〇〇人が住んでいる。

一方、バルセロナ総領事館の管轄はカタルーニャ州と隣接する二州だが、全部合わせても約三三〇〇人、このうちバロセロナ都市圏では二五〇〇人くらいと領事館は見ている。大ロンドン市の一五分の一、パリの四分の一だ。

ドイツから来た人は「お弁当は最低でも一二ユーロ(約一六〇〇円)で売れる」といい、パリから来た人は「豆腐は二倍以上の値段でもいい」と言った。そのころはパリに日本人が営む小さな豆腐屋があって、一日おきに七〇丁の豆腐をつくり、高級レストランに卸していた。一部は日本食材店でも販売されたが、一丁が五ユーロ(約六七〇円)近いと聞いていた。

私はそのたびに「とにかくバルセロナに住みたかった。豆腐も食べたかったので、ここで豆腐屋を開いたのです」と答えた。私の自宅にはエアコンもストーブもないが、一年中快適に過ごせる。洗濯ものは四時間で乾く。そう説明すると、たいていの人は納得してくれた。

世界で二番目に人口が少ない国

ナップザックを背負った男性が来店したとき、たまたま私が店番をしていた。「どちらから来られました？」と尋ねると、男性は「北極から」と答えた。びっくりして、小卓と椅子がある事務スペースに場所を移し、詳しい話を聞いた。

和田泰一さんは生まれも育ちも千葉県。アメリカ人の父と日本人の母を持ち、米国の大学を出ると、世界各地で貿易や通信などの仕事に就いた。中国の上海にいたとき、大気汚染のすさまじさに我慢できず、人の少ない自然の美しい国で暮らそうと思い、世界で二番目に人口が少ない南太平洋の島国ニウエに移住した。屋久島の半分ほどの大きさの島で人口は約一七〇〇人。マグロが採れるので、日本から職人を招いて友人と寿司屋を開いた。

うまくいったので、友人に任せて次の候補地を探した。北極圏のスヴァールバル諸島は法的にはノルウェーの一部だが、条約によって特別な制度を持ち、入国に制限はない。炭鉱と多くの研究機関がある。和田さんは諸島の中心のスピッツベルゲン島に日本料理店を開いた。

「炭鉱で働く人はみんな高額の給料をもらっているし、全体に所得水準はすごく高いのに、おいしいレストランがなかった」という。すぐお客が増え、経営は軌道に乗った。

和田さんは毎年のように豆腐屋を訪れ、豆腐や弁当を買ってくれたが、そのたびに出発した国が違った。翌年は「クロアチアから来ました」と言った。

クロアチアに天然のヨーロッパウナギがたくさん採れる地域がある。土地の人びとはぶつ切りにしてハーブと一緒に煮て食べる。和田さんも食べてみたがすぐ吐き出した。地元の人も「まずい」と言いながら仕方なく食べている。

ウナギは周辺の小川や池に水面が波立つほどいて、天然の養鰻場のようだった。日本ではウナギの稚魚が採れなくなり、輸入も困難になって、ウナギ料理が高騰した時期である。

和田さんは日本から道具を取り寄せ、料理人に来てもらって、ウナギのかば焼きを出す店を開いた。クロアチアの人びとは料理のおいしさに驚いた。「これはなんという魚だ?」と訊かれ、和田さんが「ウナギですよ」と答えると、また驚いた。すぐ人気店になった。

和田さんはその後も「モスクワから来ました」「スイスから来ました」などと、さまざまな国からやってきた。気宇壮大な視野、自由奔放な発想に、いつも圧倒された。和田さんは今も地球を駆け回り、TAIICHI FOX の名前を使い、フェイスブックで発信を続けている。

二人の天才がシンクロするとき

二〇一四年の春、日本人の男性が豆腐を買いに来た。「井上雄彦といいます」と話すのを聞いて、私とカミさんは思わず直立不動になった。二人とも宮本武蔵を描いた漫画「バガボンド」を読んで熱狂的なファンになったので、作者が目の前にいることが信じられなかった。ガウディの展覧会にかかわっていて、ガウディを身近に感じ取れるようにサグラダファミリアの近くに家を借り、さまざまな建築やゆかりの場所をを見ているのだという。

展覧会の主催者の一つであるテレビ朝日の幹部から「バルセロナに行ったら豆腐屋へ行ってみて」と勧められたのだそうだ。その幹部は私が「ニューステーション」に出ていたときのプロデューサー、つまり最高責任者だった女性なのである。井上さんとのやりとりはほんの数分だったが、私とカミさんにとっては忘れられない出来事となった。

天才的な(と私たちは思っている)漫画家は天才的な建築家をどんなふうに表現するのだろう。いつも八月に三週間のバカンスをとって帰国していたが、展覧会は七月から九月初めまで開催されたので、私たちは東京・六本木の会場へ見に行った。

入り口に「ガウディ×井上雄彦——シンクロする創造の源泉」とある。会場にはサグラダファミリアの資料とともに、井上さんが描いたさまざまなガウディの肖像が飾られていた。思索する姿、子どものころ、壮年期、晩年など。ガウディの写真はわずかしか残されていないが、井上さんの筆によって、私たちはガウディの生涯を思い描くことができた。

「世界で一番美しい村」はどこに

毎年七月末になると日本から来て豆腐を買ってくれる人がいた。法政大学国際文化学部の田澤耕教授。カタルーニャ語の研究者で、夏休みをカタルーニャの別荘で過ごすのだという。来店するたびに著書をくださった。『物語　カタルーニャの歴史』(中公新書)、『カタルーニャ語辞典』(大学書林)、『カタルーニャを知る事典』(平凡社新書)、『ガウディ伝』(中公新書)などなど。すでに読んでいた本も少なくない。

『物語　カタルーニャの歴史』は、まえがきの冒頭でこう書かれている。――「世界で一番美しい村」とこの村を形容したカタルーニャ人の友人がいた。〔……〕私を含めて、この村で夏を過ごしている人の多くにとって、これはとても素直に受け入れられることばだと思う。バルセロナから北へ列車で約二時間、村人は一〇〇人ほど。特産のチーズは王侯貴族の御用達だった。一〇世紀につくられた教会から鐘の音が聞こえてくる。しかし、「観光化を嫌う村人たちのたっての願いでこの村の名は伏せたまま」にしたい、と結んでいる。

田澤教授がバルセロナ大学で言語を研究したのは一九九〇年代の半ばだったという。二〇年余の研究でカタルーニャを知りつくした人が「世界で一番美しい村」と書いているのだ。

教授が来店されるたびに「この村の名前を教えてください」とお願いしたが、いつも「教えられません」とおっしゃるだけで、豆腐を入れた買い物袋を下げてその村に戻っていった。

夏の来店が始まって七、八年経ったころ、田澤教授は「だれにも言わないと約束してくださいね」と言って、メモ用紙にその村の名前を書いてくれた。私は「約束します」と答えた。それが私の交わした最後の言葉となった。おそらく闘病の日々を過ごしていらしたのではないか。二〇二二年九月、新聞で田澤教授の訃報を読んだ。いつかその村へ行きたいと思う。

第11章　南仏プロヴァンスと比べたら

ロマネスク美術という地下水脈

国外から訪れる人だけでなく、地元バルセロナで出会った人たちからも励まされ、支えられた。地元の人たちは歴史や風土を教えてくれ、知らない世界へ導いてくれた。

ピレネー山脈の中腹にあるボイ渓谷には、一〇〇〇年ほど前に建てられた教会がたくさん残っている。いずれも「ロマネスク様式」で、壁が厚く、窓や入り口などの開口部は小さい。フレスコ画のキリストや信徒たちは写実性を排して描かれ、まるで子どもが描いたかのような素朴さ、稚拙ささえ感じさせる。

人里離れた山奥にあって、知る人も少なかったが、ロマネスク様式の教会がヨーロッパでもほかに例がないほど集中していることから、「世界遺産」に登録された。

バルセロナの街を見下ろす丘に建てられたカタルーニャ美術館は、ボイ渓谷の教会の壁画を展示していることで知られている。壁をフレスコ画もろとも引きはがして運び、美術館の壁に貼り付けた。ロマネスク様式については世界でも有数の美術館と言われている。

毎週、豆腐を買いに来てくれるカルメさんは、そのカタルーニャ美術館の元学芸員で、来店のたびに「もう見ましたか?」と訊かれた。カミさんが「まだです」と答えるのに業を煮やしたのだろう。一年後、「次の日曜日に一緒に行きましょう」と言って、入館を予約した。

よく晴れた暑い日だった。一階のほぼ半分がロマネスク様式に充てられており、カルメさんの案内で壁画や板絵などの作品をじっくり見た。

フレスコ画も板絵も作者の名前は残っていない。芸術としてではなく、ただ信仰のよりどころとしてつくられたからだろう。信仰の純朴さ、強さは私にも十分伝わってきた。

鑑賞を終えると、カルメさんから「いちばんおいしいオルチャータの店に行きましょう」と誘われた。オルチャータとはキハマスゲ(和名)の地下茎の絞り汁でつくる飲み物だ。白い液体で、ほんのり甘みがある。この土地の住民になったような気分だった。

カルメさんはミロ美術館にも連れていってくれた。ジョアン・ミロは、ダリやマグリットらとともに「シュルレアリズム」の画家として知られる。ミロもダリもピカソも、ロマネスク美術を学んだという。一〇〇〇年前の美術が地下水脈のように流れ続けているのだと思った。

「国の根源は田舎に、辺境にある」

井汲三郎さんと妻のマリアホセさんは、いつも三郎さんの母親を車いすに乗せて豆腐を買いに来てくれた。母親は一〇〇歳を超える長寿の人で、かつてはある大学の音楽の教授だった。井汲さんはバルセロナにおける和食の草分けの一人だが、引退して母親の介護に専念していた。その井汲さんから「田舎にある別荘に来ませんか」と誘われた。

バルセロナに住んで驚いたことの一つは、「田舎の別荘」を持っている人がものすごく多いことだ。日本の木造の家と違って、欧州の石造りやレンガ造りの家は一〇〇年後も二〇〇年後も壊れない。何世代も住み続け、相続人が結婚して都市部へ移った場合は、その家が新しい家庭の別荘になる。休日は別荘で過ごす人が多い。

井汲さんの別荘は、妻のマリアホセさんが相続した実家で、バルセロナから車で二時間ほどのタラゴナ県にある。定住人口が三〇〇人ほどの小さな村だが、それでもバルが一軒あり、ワインの醸造所が地酒をつくっている。

井汲三郎さんの別荘に招かれ，キノコ狩りに（右からカミさん，谷口達平さん，小野寺あきさん，阿部聡美さん，筆者）

実家はアーモンドの生産農家だったので、家の裏手にアーモンドの果樹園が広がっていた。晩秋、アーモンドが実るころになるとイノシシが現れ、樹に体当たりして落ちた実をむさぼり食うのだという。そこで、村人たちはイノシシを退治し、仕留めた肉をアーモンド農家に配る。店の仲間と訪れた日は、その肉が配られた直後だった。

名高いイベリコ豚は、イノシシに近い品種のイベリア種を放牧し、最上級は二カ月間、樫の実で育てる。アーモンドをむさぼり食ったイノシシはどんな味だろうと期待をふくらませた。

井汲さんはステーキとボタン鍋の二種類の料理でもてなしてくれた。鍋には私が持参した焼き豆腐も入れた。食べてみると、豚肉よりも歯ごたえがあるが、臭みはない。噛みしめると肉の味がじわっと広がって、豊かな気分になった。

三郎さんは「都会のバルセロナだけ見てもカタルーニャを理解できませんよ」といつも語っ

ていた。米国東部の農村で絵を描き続けたモーゼスおばあさんが一〇一歳で世を去ったとき、ケネディ大統領は「彼女の絵と生涯は国の根源が田舎に、辺境にあることを思い出させてくれた」と述べた。この弔辞は三郎さんの言葉に重なっている。私もその通りだと思った。

二月になると、サクラとそっくりのアーモンドの花が咲く。日本のソメイヨシノと同じように葉が出る前に花だけ咲くので、「花見に来ませんか」と誘われた。三郎さんの兄の井汲一郎さんが東京から訪れていて、一緒に果樹園を歩いた。

一郎さんは河出書房新社に勤め、ベストセラー『南仏プロヴァンスの12か月』の販売を促進するために、フランス政府の協力を得て「プロヴァンス・ブーム」を巻き起こした人だ。

作者のピーター・メイルは英国で生まれ、広告会社で働いていたが、小説家になるために南仏に移り、古い農家を買い取って暮らした。私流に言うと「一身二生」を実践した人である。

だから、一郎さんにぶしつけな質問をしてしまった。「プロヴァンスと比べて、この村はどうですか？」と。彼は「ここは冬も雪が降らないし、温暖でいいですね」と答えた。

反骨精神の発露

私たちの自宅がある建物は有名な建築家サイラッチが家族のために建てたもので、いまもサイラッチの子孫たちが各戸を所有している。入居した二〇一〇年のクリスマスに、子孫たちが手製の料理を持ち寄り、エントランスでパーティーを開いた。毎年の恒例行事だという。宴たけなわになると、奥にしつらえたステージで子どもたちが寸劇を披露した。先祖のサイラッチ夫妻の物語で、準備と指導は女性管理人のニエヴェさんの担当だ。

クリスマスの寸劇は翌年も続いたが、三年目は中止になった。ニエヴェさんによると、子どもたちが大きくなって劇に出るのを嫌がるようになったという。代わりにカラオケ大会を開くことになり、「パーティーで歌ってください」と言われた。

カラオケで私が歌うのはもっぱら演歌であり、演歌のカラオケテープがバルセロナにあるとは思えない。どうせ出番はないだろうと考えて、「シ(はい)」と安請け合いした。

パーティーの当日、ニエヴェさんがカラオケ大会の開始を告げた。しかし、だれも手を挙げない。まずいなと思っていたら、ニエヴェさんと眼が合ってしまった。逃げられない。指名されて前へ進みながら、私が歌詞を覚えていて、バルセロナの人も知っていそうな歌を必死になって考え、一つだけ思いついた。越路吹雪さんが歌った「愛の讃歌」だ。

「シャンソン・フランセス(フランスのシャンソン)」と前置きして、カラオケの伴奏なしで歌った。みんな拍手してくれた。隣に住むフランス人の花屋さんが寄ってきて、「これは難しい歌だ。あなたは良かった」と言った。

不思議なもので、そのあとは手を挙げる人が大勢いて、パーティーは盛り上がった。ニエヴェさんから感謝され、以後はカタルーニャの風習を教えてくれる先生になった。

いちばん興味深かったのは、クリスマスの「Caga tio《カガティオ》」人形である。直訳すると「うんこおじさん」。中が空洞になった丸太の前後に人間の顔を描いた紙が貼り付けてあり、公現節の一月六日の前夜、中にお菓子を詰めて子どもの枕元に置く。目を覚ました子どもは人形を叩きながら「うんこ出せ」と歌い、中のお菓子を取り出す。

ニエヴェさんに教えられて、大聖堂の広場で開かれる歳末の市《いち》を見に行った。いくつかの露店には大小さまざまのカガティオが山のように積まれていた。

小さな彩色人形を売っている店もあった。よく見ると、王様や聖職者、尼僧、警察官、サッカー選手、ドラえもんらが、しゃがんで排便している。説明には「Caganer《カガネー》」と書かれていた。要するに「うんこ人形」だ。

カガティオもカガネーも農作物の豊穣を祈る古い習俗から生まれたものだが、有名人らがカガネーに登場するようになったのはここ数十年のことらしい。二〇一六年の歳末の市では、米国の大統領選挙で争ったドナルド・トランプとヒラリー・クリントンの両氏の人形があった。

どちらもしゃがんで排便している。思わず笑って両方とも買ってしまった。

自宅の仕事机に飾って眺めていると、「大統領だって同じ人間じゃないか」という作り手のつぶやきが聞こえてくる。王位継承に異を唱えてフランスに占領され、市民戦争では共和派の拠点になって敗れた、カタルーニャ伝統の反骨精神の発露ではないかと思った。

豆乳だけを買うレストラン

地元のレストランは経営を安定させるためにも重要な取引先だ。常時二〇軒くらいのレストランに卸していた。その中で豆乳だけを買いに来ていたレストランが二軒あった。

一つは松久秀樹さんがオーナーシェフを務める「恋旬香」だ。初めのうちは松久さんが自分でハーレーダビッドソンを運転し、毎週六リットルの豆乳を引き取りに来た。

スペインでは一・五リットル入りのミネラルウォーターが一般的なので、私はその空きボトル四本に豆乳を入れて渡す。松久さんは来店のたびに「来週の容器です」と言って四本の空きボトルを置いていく。

恋旬香は「創作和食」の店である。コース料理のメニューには寿司や刺身もあるが、厳選した素材にひとひねり工夫を凝らし、どこにもない味を提供する。私の豆乳がどんな料理になっているか知りたくて、来訪中の二番目の姉と三人で行った。

コースの中ほどで、その料理が出た。葛かゼラチンのようなもので濃いめにトロミを付けた豆乳をチコリーの葉で包み、その上にキャビアを載せてある。クリームだと重くなるが、豆乳なので軽く、さっぱりしている。私たちは感心した。松久さんは「次はこうしよう、ああしようと、いつも考えている」という。豆腐屋冥利に尽きると思った。

その後ほどなくして恋旬香はミシュランの星を取った。日本人が経営する和食の店としてはスペインで初めてだ。また松久さんは有名なビールのテレビCMにバルサの選手とともに出演し、スペイン中で知られるようになった。

もう一つのレストランは、やはり創作料理の「エニグマ」だ。カタルーニャ州の北の海辺に「エル・ブジ」というレストランがあり、英国の有名な雑誌で四年連続で「世界一のレストラン」に選ばれた。経営者のひとりでシェフのフェラン・アドリア氏が料理の研究に専念するため閉店したが、すぐさまバルセロナに数軒の姉妹店を開いた。

エニグマはその一つで、料理が変わるごとにお客は部屋を移動するという豪勢な店だ。ミシュランの星を持つ。この店も毎週、四、五リットルの豆乳を注文してくれた。主にデザートをつくるのだという。引き取りに来るのは若い人だが、ときどき料理長のオリベルさんがみそや醤油など日本の食材を買うために店へやってきた。

二〇二〇年の初春、オリベルさんが菓子店の箱を持って訪れ、「これを食べてみてください」と言った。豆乳を練り込んだ生地でつくったクロワッサンが入っていた。親友のパティシエ(菓子職人)に豆乳を味わってもらったところ、彼がインスピレーションを得て、これをつくったのだという。外側のサクサクした食感に加えて、内側にほのかなしっとり感がある。期待したが、それから一カ月後に新型コロナのパンデミックが起き、試作段階で終わったと聞いた。

学生食堂がとてもまずいので

バルセロナの郊外にビジネススクール「IESE《イエセ》」のキャンパスがある。一九六四年に開校し、欧州で最初の二年制MBA(経営学修士)プログラムを始めた。英国の経済紙の二〇二二年ランキングでは世界で一〇位、欧州では三位と評価される名門校だ。数十の国からビジネスパーソンが集まり、MBA取得をめざして学んでいる。

二〇一四年五月、在学している日本人男性から「弁当を学校に配達してもらえますか」と相談を受けた。学生食堂はあるが、とてもまずい。日本から来た学生たちはみんな週に一回でいいからまともな昼ご飯を食べたいと思っている。日本人は二学年を合わせて二十数人いる。昼休みは一二時四五分からなので、その時刻に持ってきてほしい。部外者は校内に入れないので。校門のそばで受け取りたいという。

私は弁当を担当している二人の女性と相談し、条件を決めた。配達は弁当の仕込み作業が少ない水曜日とする。金曜日の夜までに翌週に届ける弁当の種類と数を連絡してもらい、土曜日にその材料を市場で買う。配達にはタクシーを利用しなければならないが、往復料金の二〇ユーロは学生側が負担する。

交渉が成立し、弁当の定期配達が始まった。一回目は計一六個。いちばん人気はトンカツ弁当だった。弁当容器が入っていた大きな段ボール箱を改造し、弁当を三個ずつ入れた袋を詰めた。その箱をカミさんと二人で抱え、歩道に出てタクシーに積み、学校に向かった。校門の横で学生が待ち構えており、弁当の袋を運び、幹事がまとめて支払いを済ませた。

見渡すとインド料理店や中華料理店の車が数台並び、学生たちが列をなしている。その分、学生食堂は売り上げが減る。弁当の注文はだんだん増えたが、「受け渡し場所を校門の反対側の歩道へ変えてください」と連絡がきた。学校からの強い申し入れということだった。

一学期は九月に始まり、六月に三学期が終わる。弁当の幹事も交代する。卒業式の後、いつもお祝いの食事会に招いてくれた。名刺を見るといずれも「超」がつく有名企業の社員だった。

だれかが「お弁当のお礼に豆腐屋の経営診断をしてあげましょうか」と言い、私が「それだけはご勘弁を」と答えたら、大笑いになった。みんな気持ちのいい人たちだった。

配達が四年目を迎えたころから弁当の注文数が急に減り始めた。幹事から「値段の安いメニューを加えてほしい」と頼まれ、担当者と相談して親子どんぶりを一・五ユーロ安く提供することにした。ただしつくるのに時間がかかるので四個までとした。次の週から親子どんぶりが常に四個注文されるようになった。

幹事に事情を聞くと、会社の費用で派遣される学生が減り、今では新入生の半分以上を自費の学生が占めているという。会社を辞め、貯金を崩して学費を払い、アパート代も食費も自腹を切っている。だから弁当を買うのも苦しいのだという。自分のキャリアを磨くためにそこまでがんばっている人が少なくないことに頼もしさを感じたが、一方で大企業でさえも若い社員を送り出す余裕を失いつつあることに不安も抱いた。

弁当の注文は一〇個を割るようになった。購入者が分担しているタクシー代が高くなる。そんな折、弁当担当の一人が長期病欠になった。弁当づくりの工程は複雑で、人を雇ってもすぐ仕事をこなせるわけではない。幹事に事情を説明して、配達を打ち切ることにした。

中学生の職業体験学習

主要国の首都には日本人学校が設置されている。日本から教師が派遣され、日本と同じ教科書を使い、学習指導要領に基づいて教える。バルセロナは首都ではないが、進出企業の百数十社でつくる水曜会が中心になって設立を求めた。政府の認可が下りたのは一九八六年。校舎は郊外のサンクガットにあり、幼稚部、小学校、中学校からなる。

二年目の秋、日本人学校から「職業体験学習についてのお願い」という手紙が届いた。「子どもたちの進路決定と望ましい職業観の形成のために」機会を与えていただきたいという。

説明に来た担当教諭によると、職業体験学習は学習指導要領で定められているが、体験先が見つからず、見送ってきたという。多感な年ごろに外国で暮らすことになった子どもたちはどんなことを考え、何を感じているのだろう。私も生徒たちと話してみたかった。

体験学習は一月。まだ暗い午前六時前に三人の生徒たちがやってきた。全員にゴムのエプロンを着けてもらい、靴は買い物用のポリ袋でくるんでもらった。みんな熱心で、木綿豆腐を型箱に入れ、絹豆腐を切り分ける作業を上手にこなした。体験学習の終了後、木綿と絹の豆腐を一丁ずつ手渡し、「私がつくった豆腐だよ」と家族へのおみやげにしてもらった。

翌年も五人の生徒が職業体験学習に参加した。学校からは事前に生徒の転校履歴が送られてくるが、中には香港で小学校に入学し、インドネシアに転校、香港に戻ってからバルセロナへ来た生徒がいた。フランクフルト、ブリュッセルを経てきた生徒もいた。ほぼ半数は英語検定を受けている。外国で学ぶことを強みにしようという姿勢に頼もしさを感じた。

三年目は生徒が二人に減った。日本の進出企業が駐在員を減らし始めたことによる。四年目は女子中学生の知世さん一人になり、結局、それが最後の職業体験学習となった。

知世さんは「なぜ記者になったんですか？」と質問を繰り返した。いろんな人に尋ねているのだという。私は「その質問の仕方は、たぶん間違っている」と言った。「今度だれかに訊くときは、あなたはなぜその仕事を辞めないのですか、と質問したほうがいい」と。

私を含めて多くの人はよく知らずに仕事を選ぶ。仕事を続けているうちに、その仕事が世の中とどうかかわっているか、自分はどんな役割を果たしているかが見えてくる。だから「辞めない」理由のほうが職業選択の参考になるはずだ、と以前から思っていた。

数日後、知世さんから便箋二枚の礼状が届いた。「なぜあなたは仕事を辞めないのですかときかれても、自信を持って答えられるようになりたいと思いました」と書いてあった。

第12章　コロナ禍、お客は半径五〇〇メートルの住民だけ

カタルーニャでの「非常事態」宣言

スペイン本土で住民の新型コロナウイルス感染が初めて確認されたのは二〇二〇年二月二五日だった。バルセロナに住む女性一人が大学病院に隔離された。翌日、首都のマドリードとバレンシア州でも感染者が一人ずつ確認された。三人とも先に感染が広がっていたイタリアへ旅行した人たちだった。

クラスターを追跡する手法が採られ、各州の衛生当局は三人が接触した人たちを特定し、病院に隔離した。しかし、最初の一人が確認される一週間も前に、イタリアのミラノでサッカーの国際試合があり、バレンシア州の住民二五〇〇人が地元チームを応援するためにミラノへ行

っていたことが判明した。試合は1－4で負け、おまけに応援した住民は新型コロナウイルスを持ち帰っていた。すべての接触者を追跡することは、もう不可能だった。

三月五日、マドリードの高齢者施設で一〇人が集団感染し、翌日も別の施設で一五人の感染者と一人の死者がでた。マドリード州政府は約二〇〇の高齢者施設を閉鎖するよう命じた。

「国際女性デー」の三月八日、女性団体や一部の政党がマドリードとバルセロナで集会とデモを呼びかけた。欧州連合（EU）は催しが感染を広げる恐れがあると警告していたが、集会は強行され、マドリードでは一二万人が参加した。「男たちの暴力は新型コロナウイルスより危険だ」というプラカードもあったが、参加した女性議員らの感染が後で判明した。

三月一三日、全国の感染者は四二〇〇人を超え、カタルーニャ州では一日で感染者が二倍に増えた。カタルーニャ州の知事は「非常事態」を宣言し、厳しい外出規制を実施すると発表した。スペイン政府も跡を追うように「警戒事態」を宣言した。

州の非常事態が宣言された日のことは忘れられない。夕方、大勢の市民が歩道を走っているのを見て外に出たら、みんな買い物カートを引いてスーパーに向かっていた。食品を買いだめするためだ。早めに行った人たちは食品を詰め込んだ重いカートを引いて、もう家路を急いでいた。近所の商店の中にはシャッターを閉めて張り紙をしたところもあった。

ここまでと以下の記述は、私が体験したり見聞きしたりしたことに加えて、三つの情報源をもとに書いていることを初めにお断りしておきたい。

バルセロナの日本総領事館は「非常事態」後、在留邦人に毎日の感染者数、死者数を全国と州に分けてメールで知らせてくれた。また地元の新聞やテレビによる新型コロナ関連のニュースはネットでも流れたが、私のパソコンはブラウザーソフトに「グーグル・クローム」を使っており、すべて翻訳された日本語で読むことができた。さらに「童子丸開」の筆名でスペインの政治分析が書かれているブログも引用した。童子丸さんは豆腐と野菜を毎週買いに来てくれる常連客であり、スペインの政治について教えてくれる私の先生でもある。

欧州で最も厳しい外出禁止令

一五日から始まった外出禁止令は人びとの想像を超える厳しいものだった。すべての住民は政府のサイトから書類をダウンロードして印刷し、名前、住所、納税者番号、外出理由を記入して常に携行しなければならない。許される外出は自宅から五〇〇メートル以内の商店での食料品や生活必需品の買い物、病院への通院、高齢者や障がい者の介護、銀行での入出金、許可された職場への通勤くらい。犬に散歩をさせるのはよいが、人間の散歩やベンチでの休憩は禁止、教会での葬儀や結婚式も許されない。

警察官があちこちで検問し、外出理由書をチェックする。違反したとみなされると一〇〇ユーロから最高六万ユーロ（約八〇〇万円）の罰金で、悪質な場合は逮捕され最高一年の禁固刑が科される。欧州で最も重い罰則だ。

いつもは観光客があふれているサグラダファミリアは門を閉ざしたまま。通行人が多くて歩くのもたいへんだったランブラス通りも人通りがほとんどなくなった。店の前のアリバウ通りは、四車線が車で渋滞することもあったのに、二キロ先まで見通せた。車が来ないので歩行者はみんな信号を無視して交差点を渡っていた。

豆腐屋は食料品店なので営業を認められており、私は毎朝出勤したが、途中で数回、警察官に書類の提示を求められた。ある日、常連客の女性から「午前中に豆腐を買いに行く」と電話があったので待っていたら、買いに行けなくなったと連絡してきた。事情を聞いたところ「警察官に外出理由書を見せて豆腐屋へ行く途中だと言ったら、その店はあなたの自宅から五〇〇メートル以上離れているので戻りなさいと言われた」という。

警察官は買い物をする店までの距離にも目を光らせているのだ。豆腐屋から半径五〇〇メートル以内に住んでいる人しか買いに来ることができない。私の店は電車やバスで豆腐を買いに来る遠方の人が多いので、お客が激減することを覚悟した。

豆腐の製造数を限界まで少なくすることにした。コロナの前は初めに濃い豆乳で絹豆腐、次に薄めの豆乳で木綿豆腐と、二釜つくっていたが、濃い豆乳の一釜だけにした。最初に絹豆腐の分を型箱に入れ、残った豆乳にお湯を入れて薄くし、木綿豆腐を寄せる。この方法で絹豆腐を二四丁、木綿豆腐を三〇丁までに減らすことができる。しかも一日おきにつくることにしたので、お客がわずかでも売れ残りを抱える恐れが少ない。

前の年に弁当をつくる二人の女性が相次いで長期病欠し、病欠が終わった段階で退職してもらっていた。寿司職人の男性に午前中だけ働いてもらっていたが、彼も家族の都合でイタリアへ移住し、後任は置かなかった。だから従業員は弁当をつくる伊神紀子さんが一人いるだけで、経営規模を縮小していたことが幸いだった。

死者の九割は高齢者

外出禁止令が出たのは、街路樹のプラタナスが芽吹き、新緑の若葉が日に日に大きくなる時期である。自宅に籠《こも》るのが辛い季節だったせいもあって、規則を破って外出する人が続出した。罰金を科せられた人は三月末までの二週間に全国で二五万人にのぼったという。

しかし、報道を見ても行動制限の緩和を求める意見や違反者に同情する声はほとんど見られなかった。多くの住民は黙って耐えた。それは、おそらく二つの理由によると思われる。

一つは感染者と死者が恐ろしい勢いで増え続けたことだ。外出禁止令の発令から一週間後、感染者の累計はスペイン全土で二万七〇〇〇人に達し、発令前の四倍になった。二週目はさらに増え方が激しくなり、新規感染者が一日で一万人近く確認された日もあった。

三月三〇日には死者の総数が八〇〇〇人を超えた。その九割は七〇歳以上の高齢者である。若者や壮年層の死者は極端に少ない。しかしカタルーニャでは家族の結びつきが強く、クリスマスには祖父母を訪ねて一緒に郷土料理を食べる習慣が根強くある。その日は休業するレストランがあるほどだ。だから若い人も高齢者の死を他人事と考えず、「うちのじいちゃん、ばあちゃんが危ない」と受け止める。危機感は世代を超えて共有された。

もう一つの理由は、十分ではないにせよ事業者への救済策が決まったことだろう。発令から八日目、収入が七五%以上減った事業者に対して平均所得額の七〇%を国が補償することが発表された。中小企業が従業員への給与支払いのために銀行から借り入れる場合、融資額の八〇%を国が補償することも決まった。

救済策には細かな条件があり、申請の手続きは簡単ではない。しかし、スペインには日本の会計士、税理士、社会保険労務士を兼ねたような「ヘストール」と呼ばれる人たちがいて、小さな商店も例外なく契約している。私が契約している会計事務所も同じ役割を担っている。このヘストールが手続きしてくれるので事業主は書類と格闘しなくても済む。

豆腐を仕入れてくれる和食レストランの経営者は「ヘストールに頼んだら、すぐ補償金が振り込まれた」と話していた。厳しい外出禁止令のもとで平静がどうにか保たれたのは、こうした社会の仕組みに負うところもあっただろう。

ごみ袋と絆創膏の防護服

新型コロナウイルスに襲われたとき、スペインの医療は「崩壊」寸前だった。スペインはリーマンショックと不動産バブルの破裂で深刻な金融危機に見舞われ、政府はEUと欧州中央銀行から一〇〇〇億ユーロ(約一三兆円)の救済資金を借りたが、それと引き換えに超緊縮財政を約束させられた。政府は教育、医療、高齢者福祉などの予算に大ナタを振るった。

バルセロナ在住だったジャーナリストの宮下洋一さんによると、スペインでは一〇年間で七六億ユーロ(約一兆円)の医療費の公費負担などの社会保障予算が削減され、マドリードでは三三〇〇人の医療従事者が職を失い、二〇〇〇床の医療ベッドが消えた。人口当たりの医師や看護師の数はドイツやフランス、英国に比べて半分にまで減っていた。

バルセロナでも公立病院の医師や看護師たちが毎週のように「備品を充当せよ」「人員を増やせ」と叫んでデモをした。私は豆腐の配達の途中でその光景を何度も見た。

公立病院の惨状は私たちも体験していた。その年の初め、カミさんが右脚を痛めて午前中に救急車で公立病院に運ばれたとき、私が店を閉めて午後九時に見舞いに行ったら、まだ廊下のベッドに寝かされたままで診察も受けていなかった。医師も看護師も必死に仕事をしているのだが、人数が少なすぎることが見て取れた。

そういう国が新型コロナウイルスに襲われたのである。医療用マスクも防護服も人工呼吸器も足りない。集中治療室もわずかしかない。看護師や医療技術者らはごみ用のポリ袋を絆創膏で貼り合わせた急ごしらえの防護服を着て仕事をした。感染するのも当然だ。

スペインでは外出禁止令が発令されてから一カ月半の間に三万五〇〇〇人の医療従事者が感染した。その人たちは症状が治まったり隔離機関が終わると、みんな病院へ戻って仕事を続けた。その様子が連日、新聞やテレビで報じられた。

政府の対応は、なかなか迅速だったと思う。発令から四日後、体育館などを病院に改造する工事が始まり、国際会議場は一四〇〇の病床と九六の集中治療室を持つ巨大な仮設病院に変わった。ホテルなどの駐車場にはテントが張られて野外病院がいくつもできた。どれもスペイン軍の工兵隊と地元の消防士を動員して突貫工事で進められ、工事を始めてから数日後には最初の患者が入院した。

三月三〇日には軍用輸送機が中国へ飛び、医療用マスクや防護服、人工呼吸器、ウイルスの検査機器などを満載して戻ってきた。それらはただちに公立病院や仮設病院へ届けられた。

外出禁止令の根拠となる政府の「警戒事態宣言」は一五日間をひと区切りとし、延長には国会の承認を必要とするが、第二期までの一カ月間で医療体制の立て直しは基礎づくりをあらかた終えたと言っていいだろう。

午後八時、市民の拍手が街に響く

その効果は四月中旬から数字に表れ始めた。全国の新規感染者数と死者数は最悪期の半分近くまで減った。カタルーニャ州の入院者数も三分の二になった。

米国のジョンズ・ホプキンス大学が世界各国の感染者数、死者数などを集計して発表しており、私は毎日その数字を眺めていた。あまり注目されない項目だが「回復者(退院者)」を見ると、スペインでの人数が増えて、どんどん大きくなっていく。四月末には累計で一〇万人を超え、医療先進国のドイツと肩を並べるほどになった。スペインより人口が多いイタリアの八万人、フランスの五万人と比べても、はるかに多い。

回復者(退院者)が増えるということは医療が機能していることを示している。入院する人より退院する人が多ければ医療の現場に余裕が生まれる。

四月末、マドリードの国際会議場を改装した巨大な仮設病院が不要になったとして閉鎖されることが決まった。医師や看護師たちが大喜びして踊る映像がテレビで流れた。そのニュースは新型コロナウイルスの蔓延を食い止めることができるかもしれないという希望を多くの視聴者に抱かせただろう。

功労者は、事前の備えが貧弱なせいで大勢が感染しながらも医療の最前線に立ち続けた医師や看護師、検査技師らの医療従事者であることを、住民はよく知っていた。

外出禁止令が出てまもなく、バルセロナで、そしてスペインの多くの街で、毎晩午後八時になると住民が集合住宅のベランダに立ち、拍手するようになった。医療従事者の人たちに「ありがとう」と感謝の気持ちを伝えるためだ。どこかの団体が呼びかけたわけではない。だれかが拍手し始め、それが波のように広がったのだ。

私たちは閉店時間を一時間早めたので、帰途につく時刻がいつも午後八時だった。自宅までの道を拍手しながら歩いた。すれ違う人たちも、みんな拍手していた。

ニワトリの散歩で罰金⁉

ＴＢＳのラジオ番組「久米宏　ラジオなんですけど」から出演依頼があったのは、コロナ禍に対する希望が見え始めたころだった。スペインのコロナ対策や人びとの様子を話してほしいという。土曜日午後一時からの生放送で、スペイン時間では午前五時になる。土曜は豆腐をつくらない日で、何もすることがないから引き受けた。

久米さんが生放送の臨場感や緊張感をたいせつにする人であることは「ニュースステーション」に出演させられた三年三カ月の間に身に染みていた。事前の打ち合わせはなく、質問はいつも突然、飛んできた。私が放送中にうっかり呼び鈴を落としてあわてて拾い上げた日、番組後の反省会で「今日は清水さんが呼び鈴を落としたのが良かった」と言った人である。収録番組なら編集してカットされるはずの失敗シーンも、生放送ではそのまま流れてしまう。それでも視聴者と「現在」を共有していることが伝わるほうがよいというのだ。

ラジオでも、事前の打ち合わせなし、ぶっつけ本番、出たとこ勝負でやらねばならないことを覚悟して緊張した。しかし、当日は店の電話に向かって話すだけで、スタジオの久米さんは見えないので、思いのほかリラックスして会話できた。

犬を散歩させることは許されているのに人間の散歩はダメというのはおかしい、という話になり、私は「スペインの南部でニワトリを縄で引いて散歩させていた人が罰金を取られましたよ」と話した。久米さんは大声で笑い、「これはイヌという名前なんですと説明すれば良かったのに」などと言いながら、笑いが止まらない様子だった。

この放送は大勢の人が聴いたらしい。「聴いた」というメールをたくさんもらった。その中に宮崎駿さんのアニメなどを制作するスタジオジブリのPR誌『熱風』からの原稿依頼があった。「私たちの編集部では毎週土曜日にみんなで久米さんの「ラジオなんですけど」を聞いています。先日の放送が面白かったので、『熱風』に書いてください」という。

原稿用紙で二五枚。時間を持て余していたので、これも引き受けた。締め切りまで日数があり、ラジオ放送の後に起こった出来事を書くことができた。

トンネルの先に見えた小さな光

四月二五日の土曜日、午後八時からの住民の拍手はいつもより一段と大きかった。口笛を吹く人やフライパンを叩く人もいた。翌日の日曜日から一四歳未満の子どもたちの外出が初めて条件付きで認められることになったからだ。

一日に一時間、自宅から一キロメートル以内。保護者の付き添いが条件で、二メートルの社会的距離を保つ。友だちと一緒に遊ぶことはできない。ブランコや滑り台も使えない。あまりにもわずかな緩和措置だが、長いトンネルの先に初めて出口の明かりを見たように感じた人が多かったに違いない。

日曜の朝、通りや広場は家族連れでいっぱいだった。ベビーカーを押す母親も大勢いた。年長の子は父親とサッカーボールを蹴り合っている。テレビでは、久しぶりに孫の顔を見たのに保護者でないから抱っこできなくて泣きそうになっている祖父母の映像が流れた。

五月二日、一四歳以上の若者や大人が散歩やジョギングすることが認められた。

五月四日、美容院、理髪店、書店、金物屋などの営業が認められた。店の三分の一のスペースを使い、客との応対は一人ずつとし、レジには感染防止の仕切りを置くことが条件だ。レストランやバルは持ち帰りの料理を販売できるようになった。私の店も四軒のレストランから豆腐などの予約注文を受けた。七週間ぶりの注文である。

同じ日、スペイン保健相は「新たな日常に向けての移行計画」を発表した。外出禁止をどのように緩和していくか、そのガイドラインだ。

第一段階では、葬儀や埋葬が一五人までの範囲で認められる。レストランやバルは屋外のテラス席の半分のスペースで料理を提供できる。小売店は定員の三〇%の客を店内に入れ、六五歳以上の人が優先的に買い物できる時間帯を設ける、などの条件で営業を再開できる。

この第一段階は五月二五日に解禁された。外出禁止の扉が半分開いて、街は息を吹き返した。六月には「緊急事態宣言」が終わる見通しとなり、サンチェス首相は七月初めには入国制限を中止して海外からの観光客を受け入れると表明した。観光が最大の産業であるバルセロナにとって、これは待ちに待った朗報だった。

六月二二日、欧州でも第一級のオペラハウスであるバルセロナのリセウ劇場で、風変わりなコンサートが開かれた。無人の客席に二三〇〇の植物の鉢植えが置かれ、弦楽四重奏の音楽が流れた。「居場所を取り戻した」ことを表現し、公演活動の再開を人びとに告げるものだった。演奏後、鉢植えは医療従事者に寄贈された。

豆腐屋の売り上げは四月に五割減と落ち込んだが、五月は二割減へ持ち直し、六月は一割減まで回復した。レストランが閉店したので弁当やおにぎり、総菜が思いのほか売れた。

外出禁止令が出ていた間も、数丁ずつとはいえ一日おきに豆腐を仕入れに来てくれた韓国食材店の人にスペイン語で「ソブレヴィヴィ(生き延びたよ)」と言ったら、彼も「ヨ・タンビエン（私も）」と言って笑顔を見せた。

厳罰でなく、同調圧力でもなく

しかし、生き延びることができずに廃業する店や企業が増えつつあるというニュースが流れ始めた。政府の補償では足りずに資金が底をついた、営業を再開してもお客が戻ってくることを見通せない、などの理由による。外国からの観光客に頼っていた店は、スペインが入国制限をやめても相手の国で規制が続けば来てもらえない。お先真っ暗な状況が続く。

正常化すれば政府の休業補償はなくなり、従業員の給料を払えなくなる。廃業する店や企業が増えると、失業者が街にあふれる。求人は冷え込み、その人たちが新しい仕事に就く可能性はわずかしかない。

厳しい罰則で人びとを家に閉じ込めてしまうコロナ対策は、スウェーデン以外の欧州諸国が採用したやり方だが、これは正しかったのだろうか。副作用が大きすぎるのではないか。

日本でも政府の緊急事態宣言が出たが、人びとの外出や商店の営業に対しては都道府県知事による「自粛要請」「休業要請」というかたちを取った。欧州のように厳しい罰則で強制しないが、それでもみんなマスクをし、街なかの人出が減り、商店は休業した。

そのように仕向けたのは「同調圧力」であるという記事をたくさん読んだ。これは集団の中で、周囲の多くの人と同じように考え、同じように行動することを暗黙のうちに強いることを言う。判断の基準は「みんなと同じかどうか」だけであって、自分で考えることや異議を唱えることは許されない。

欧州の罰則は、少なくとも国会で文言を審議し、きわめて具体的な規制を国民に示したうえで定められている。一方、同調圧力は曖昧で、「みんな」とはだれなのかもはっきりせず、理由もなしに陰湿な村八分やいじめが起きる恐れがある。

日本では、医療従事者が新型コロナウイルスに汚染されているのではと疑われ、入店やタクシー乗車を断られたり、子どもが保育園から来園を拒否されたりする例が何度か報じられた。

厳罰でもなく同調圧力でもない、別のやり方はないのだろうか。次のパンデミックに襲われるまでに、見つかってほしいと思った。

第13章　欧州はプラスチックを規制し、検査ビジネスを育てる

税関に貨物を止められた

コロナ禍が落ち着いてきたと思ったら、次の難問が待ち構えていた。

私は毎年八月に三週間の夏休みをとって帰国し、豆腐パックや弁当容器などをコンテナに積んでバルセロナへ輸出していた。弁当の容器と蓋がそれぞれ四八〇〇個、豆腐パックが二万個。大きな段ボール箱で二〇箱になる。

東京港を出発した貨物船は、一〇月初旬にはバルセロナ港に到着し、税関の手続きを終える。しかし、二〇二〇年は税関の手続きが終了したという連絡が、なかなか来なかった。

手続きを担当するのは、日本郵船の関連企業である「ユーセン・ロジスティクス・イベリ

カ」である。一〇月半ば、スペイン人スタッフから「税関の衛生部門が欧州連合(EU)の食品用プラスチックの規制を理由に通関を止めている」というメールが届いた。

税関の衛生部門に貨物を止められたのは、これが二度目である。

一度目は東日本大震災から三年後の二〇一四年だった。福島第一原発の事故で日本からの食品が放射能に汚染されているのではないか、という欧州の警戒がまだ続いていたころだ。私がその年の夏にコンテナで送った資材には豆腐の凝固剤と消泡剤が含まれていたが、どちらも食品添加物であり、食品と同じように厳しい規制が適用されることはわかっていた。

日本政府は福島第一原発の事故を受けて、首都圏を含む東北と関東の八都県を「放射能の汚染状況重点調査地域」と決め、欧州へ輸出する際に、調査地域内の生産物は放射能検査結果を、それ以外の地域で生産されたものは産地証明書を添えるよう指導していた。凝固剤は兵庫県で、消泡剤は三重県で製造されたものなので、私はそれぞれの産地証明書を農水省の出先機関で取得し、バルセロナの税関に提出していた。

ところが、凝固剤と消泡剤は書類に不備があるとして何度か突き返された後、いきなり焼却処分されてしまった。ユーセン・ロジスティクスからは、税関の衛生部門の決定については事後に異議を申し立てることができず、損害の回復は困難という連絡があった。

豆腐をつくることができなくなるので、全国豆腐連合会(全豆連)の相原洋一事務局長に報告し、欧州で凝固剤用の硫酸カルシウムとグルコン酸を入手できるかどうか相談した。相原さんは、すぐに日本の化学商社のロンドン事務所に連絡し、この事務所の手配でドイツ製の食品用硫酸カルシウムを取り寄せることができた。グルコン酸は、相原さんが製造者であるスイス企業の日本支社に連絡してくれ、スイスから送ってもらった。

このときの経験があるので、バルセロナの税関の衛生部門が通関を止めていることの重大性は私も認識できた。詳しいことを知りたいが、グーグル翻訳を使ってスペイン人のスタッフとメールでやりとりしても十分な情報を得られるとは思えない。

豆腐屋を開業した際に機械や資材の税関業務を引き受け、その後も担当してくれたユーセン・ロジスティクス社の平沢真斉木《まさき》さんに相談した。平沢さんはもう海運担当ではなかったが、衛生部門の担当者から事情を聞いて、詳しい経緯を教えてくれた。

二四種類の金属検査

平沢さんによると、EUの規制にしたがって、輸入する食品用プラスチックごとに必要な検査をし、その結果を記入した書類を提出しなければならない。EUは二〇一一年秋にそうした規制を決めていたが、二〇二〇年九月の改訂で検査項目を大幅に増やすとともに、規制の運用を強化していた。私の貨物は一カ月の差で検査項目の拡大と運用強化に引っかかってしまったわけだが、不運を嘆いても仕方がない。

豆腐パックはポリエチレンとポリプロピレンを重ねた特殊な複合材で、包装機にかけるとフィルムがしっかり圧着するようにつくられている。寸法も包装機に合うようになっている。同じものを欧州で見つけることはできないだろう。総菜パックなどを買いに行く包装資材の専門店に問い合わせたら、「寸法が同じパックをスペインでつくることはできるが、一〇〇万個単位で注文しないと引き受けないだろう」と言われた。

弁当容器も事情は同じだ。スペインにもテイクアウト用のトレイはあるが、ご飯と主菜、副菜をきれいに分けて入れることができるものはない。日本製の弁当の蓋は「内嵌合《うちかんごう》」と呼ばれる方式で、容器の内側にピタリとはまる。しかも私が仕入れている北原産業(岡山県)の製品は透明の蓋が湯気などで曇ることがない。初代の弁当チーフだった矢部さんは「とても優れた容器だ」と評価していた。

税関で止められてしまうと、豆腐も弁当もつくることができなくなる。

一一月、平沢さんから、EUの新しい食品用プラスチックの規制内容と、税関が求めている書類のひな型が送られてきた。書類のひな型は、わざわざＷＯＲＤ文書に変換して書き込めるようにしてくれていた。

この書類を見て、思わずうなってしまった。まず、溶出量が規制値を超えていないかどうかを検査する二十四種の金属が列記されている。

①カドミウム、②鉛、③アルミニウム、④アンモニウム、⑤アンチモン、⑥ヒ素、⑦バリウム、⑧カルシウム、⑨クロム、⑩コバルト、⑪銅、⑫ユウロピウム、⑬ガドリニウム、⑭鉄、⑮リチウム、⑯マグネシウム、⑰水銀、⑱ニッケル、⑲カリウム、⑳ナトリウム、㉑テルビウム、㉒ランタン、㉓マンガン、㉔亜鉛

聞いたことのない名前がいくつもあった。プラスチックの原材料となるテレフタル酸とエチレングリコールが、いくつかの条件のもとでどのくらい溶出するかについても検査結果を求めていた。さらにプロピレンなど五種類の添加剤、原材料などについても記入する欄があった。

日本は六〇年前の基準

豆腐パックのメーカーに検査結果を送ってくれるよう、代理店である泰喜物産の落合利治さんを通して頼んだ。落合さんは開業時に駆け付けてくれた豆腐づくりの先生である。

落合さんから届いた「分析試験成績書」は日本食品分析センターという財団法人が作成したもので、カドミウムと鉛の二種類しか検査しておらず、結果欄には「適」とだけ記載されていた。溶出試験は①ヘプタン、②エタノール、③水、④酢酸の四種類について数値が書かれていたが、欧州連合が求めている樹脂の原材料や添加剤など七種類の化学物質はどれも検査対象になっていなかった。

成績書の欄外に小さな文字で記された「注」を見て、びっくりした。「規格基準(昭和三四年厚生省告示第三七〇号)の合成樹脂製の器具または容器包装」と書かれている。昭和三四年は一九五九年だ。なんと六一年も前に定められた基準がそのまま使われているのだ。最初の東京オリンピックより、さらに五年前である。「厚生省」も昔の名前であり、労働省と統合して「厚生労働省」となってから、もう二〇年も経っている。

弁当容器も同じだったが、北原産業東京支店長の北原俊明さんに事情を説明したところ、容器の材料の樹脂シートをつくっている企業から詳しい試験結果を取り寄せてくださった。それには「鉄　顔料成分として〇・〇七%」「カルシウム　添加剤成分として〇・〇六%」が加わっており、「その他の金属は使用していない」と書かれていた。

私はやむなく税関から求められた豆腐パックの申請書類の「金属」欄に、カドミウムと鉛だけ「ND（検出されない）」と書き、残りの二二種類については「Not inspected in Japan（日本では検査しなかった）」と書き込んだ。弁当容器と蓋の書類には鉄とカルシウムを加えた四種類の金属だけ記入し、残りの二〇種類は「日本では検査しなかった」と書いた。樹脂の原材料や添加剤の項目は空欄のままにするしかなかった。

検査できる機関を探す

この書類をユーセン・ロジスティクスに送ったところ、数日後に平沢さんからメールが届いた。税関の衛生部門に書類を提出してしまうと、通関不許可と判断された場合に、いきなり豆腐パックと弁当容器をすべて廃棄処分にされる恐れがある。そこで、衛生部門の人に口頭で説明して打診したところ、それでは許可できないと言われたという。

「日本の公的機関、たとえば政府の関連団体とか商工会議所などに、欧州が規制するすべての物質について規制値を超える溶出は見られなかったと宣明する文書を書いてもらうことができませんか。それがあれば交渉の余地があります」と添えられていた。

規制を守っていると宣明できる公的機関として、どんな組織が考えられるだろう。プラスチックの安全性を重視し、原材料の試験データを持っていそうなところをネットで検索した。

「一般社団法人 日本プラスチック食品容器工業会」などいくつかの団体が見つかった。

ここから先は、全豆連の力を借りなければならない。いままでの経過と、宣明を出してくれそうな団体名を相原事務局長に報告し、助けてください、とお願いした。実際、墜落しかけている飛行機から「SOS」を発信するような心境だった。

いつものように相原さんから詳しいメールがすぐ届いた。この問題を担当する政府の窓口は農林水産省の輸出先国規制対策課だという。担当者の見解は、やはり「EUの規制に適合することを証明する宣言書を事業者が出す必要がある」というものだった。日本プラスチック食品容器工業会などの業界団体の文書では受け入れてもらえないという。

ただ、一般財団法人 化学評価研究機構(JCII)の中の「食品接触材料安全センター」を紹介してもらうことができた。ここがプラスチック容器の検査の相談窓口だという。

さっそく「安全センター」に二四種類の金属と七種類の樹脂の原材料や添加剤の溶出試験ができるかどうか、問い合わせた。担当者は「すべてを検査することはできません。でも、ひょっとしたら、ここは検査できるかもしれません」と言って、ある企業の名前を教えてくれた。

「ユーロフィン」という欧州の企業グループの日本法人だった。そこへ連絡したら、「日本では設立したばかりで、検査機器や試薬もまだそろっていない。結果を渡せるのは四、五カ月後になる」という。そのときにはもう在庫の豆腐パックも弁当容器も底を突いてしまっている。

三〇年で二万倍の成長企業

私は腹を決めた。欧州のユーロフィン社に検査を依頼するしかない。検索すると、幸いなことにバルセロナにも支社があったので連絡した。費用の見積もりは三種類の容器で合計三四〇〇ユーロ(約四七万円)だという。予想より高かった。しかし、同じ容器であれば、今後もこの検査結果で輸入できるというので承知した。

もうクリスマスが近づいていた。商店やレストランには電飾つきのクリスマスツリーが飾られ、花屋には真っ赤なポインセチアが並んでいた。スペインのクリスマスは一二月二四日のイブから贈り物を交換する一月六日の公現節まで続き、その間はほとんどの活動が止まってしまう。検査を少しでも早く始めてもらうために、その日のうちに試料として使う一〇個の豆腐パックと同数の弁当容器を紙袋に入れ、支社へ届けた。

検査項目を説明するため、税関に提出する書類を見せようとしたら、窓口の女性は手を上げて押しとどめ、「知っている」と言った。日本の企業から、すでに何度か検査依頼を受けたという。パンフレットを見たら、この会社の検査事業は食品容器だけでなく、保存食品から穀物、ペットフード、たばこ、化粧品にいたるまで、さまざまな分野にまたがっていた。

ＥＵの規制は、食品に少しでも触れるプラスチックに大きな網をかけるやり方だ。その検査事業もさぞや大きなビジネスになっているだろう。私はユーロフィン社に興味を持ち、歴史を調べてみた。

設立は一九八七年、社員はわずか三人だった。フランスの大学が開発した核磁気共鳴を利用する検査技術を買い取り、ワインの製造工程で砂糖が添加されたかどうか検査する事業を始めた、やがて検査対象は食品全体に広がり、さまざまな環境汚染物質の検出も手がけるようになった。

パリなどの株式市場に上場した後、小さな検査機関や企業を次々と傘下におさめ、新しい検査技術の開発にも力を入れた。いまや六一カ国に九〇〇を超える研究所のネットワークを持ち、六万人のスタッフを抱えている。グループ全体の社員数でみると、三〇年あまりで二万倍というすさまじい急成長だ。

環境汚染や食の安全などの問題が起き、それに対してＥＵがさまざまな規制に取り組んできたことは、この会社にとって追い風になっただろう。ＥＵにとっても、規制を追い風にして欧州の検査会社が急成長することは「一挙両得」だろう。

「欧州の規制は今や世界標準」

それにしても、食品用プラスチック容器に対する日本の規制は、欧州とはあまりにも違いすぎる。六〇年前の規制は、のちに化学物質がいくつか加えられたが、基本は同じままで、まだ日本で通用している。ほかの国ではどのように規制しているのだろう。その疑問に答える資料が、全豆連の相原事務局長のメールに添付されていた。日本貿易振興機構(JETRO)がこの年、二〇二〇年三月に発表した「海外向け食品の包装制度調査」だ。

日本の実情とともに、欧米、アジア、豪州、南米、中近東など一九の国・地域の規制を調べた、A4版で九二ページもある膨大な報告書だ。検査結果を待つだけになったので、年末の休日に読んでみた。

欧州では、EUの前身である欧州経済共同体(EC)が一九九〇年に最初のプラスチック指令を定め、EUに組織替えしてからも二、三年おきに改訂を重ねてきた。

二〇〇二年には食品のリスクを調べる独立組織として「欧州食品安全機関」を設立し、加盟する二八カ国の専門家が集まって検査方法や対象物質の研究を続けた。二〇一一年には規制する金属や化学物質を定めた総合的な施行規則をまとめ、二〇二〇年には改訂版を発表して、検査する金属の範囲を広げ、検査方法も厳格化した。

欧州の規制では、プラスチック容器に実際に食べ物を入れ、有害物質がどのくらい食品に移行するかを重視している。その検査では酸やアルコールに触れた場合や、さまざまな温度での移行量を調べるが、新しい規制では脂肪分が多い食品を電子レンジで調理した場合を想定し、最高一七五度で検査する項目もつくった。

JETROの報告書は、欧州の規則は体系的・論理的につくられているために中国や豪州、湾岸諸国が採用し、いまや世界標準的な存在になったと言えると評価している。

では、日本の規制はどうなっているか。報告書は、昭和三四(一九五九)年の「厚生省告示第三七〇号」に基づいて説明しているが、「技術の進歩に合わせた法改正を永年しないために、使用実態との乖離があるのが現状である」と解説している。六〇年前の規制が現実とかけ離れたものであることは、だれでもわかる。

この課題について国と産業界が約一〇年にわたり検討を進め、二〇二〇年六月、ようやく改正食品衛生法が施行された。しかし、検査する物質、検査方法などの具体的な事項は、向こう数年かけて完成させることになりそうだという。

日本は欧米に比べて大きく出遅れたうえ、追いつこうとする作業さえものろのろと遅い歩みで、このままではさらに引き離されてしまう。そんな危機感が行間ににじむ。

日本食ブームに水をさす恐れも

プラスチック規制を含む食品衛生法は厚生労働省が所管している。私はてっきり厚生労働省が早く世界に追いつけるよう業界や世論を啓発するために、この調査を依頼したと思い込んでいた。しかし、報告書の表紙を見ると「農林水産省補助事業」と書かれている。

農林水産省はなぜ、よその省が所管しているプラスチック食品容器規制の調査をJETROに頼んだのだろうか。

農林水産省は日本の農水産物や食品の輸出を後押ししており、世界に広がる日本食ブームを好機ととらえていた。二〇一二年、「和食」を無形文化遺産に登録するよう政府がユネスコ本部に申請し、翌年に登録されると、いっそう後押しに力を入れた。

二〇一五年にイタリアのミラノで開かれた国際博覧会(万博)は歴史上初めて「食」をテーマの一つに掲げた。農林水産省は、経済産業省とともにミラノ万博の「幹事省」となり、日本館の建設や展示の企画、企業への参加呼びかけに努めた。日本館を訪れた人は二二八万人にのぼり、展示デザイン部門で金賞を受賞した。

ミラノ万博をきっかけに欧州の日本食ブームに一段と弾みがついたことは、バルセロナの私も感じていた。しかし、農林水産省はEUがプラスチック食品容器への規制を強めつつあることを心配していただろう。私の店でも日本の食品を販売しているが、麺類やソース、マヨネーズ、みそ、しょうゆなどプラスチック容器に入ったものがほとんどだ。日本のプラスチック規制が世界の主流に追いつかなければ、せっかく勢いを増しつつある日本食ブームの障害になりかねない。だから農林水産省はEUが規制の第二次改訂を打ち出す二〇二〇年に合わせてJETROに調査を頼んだのではないか。

私のこの推測は間違っているかもしれない。しかし、日本食をもっと世界に広めるには海外のプラスチック規制から目をそむけることはできないと思う。

第14章　事業の継承は険しい山道を登るが如し

カミさんの乳がんが転移した

二〇二〇年はコロナ禍、プラスチック容器で苦しんだが、私たち夫婦にとって最大の、そして最も深刻な問題が起きたのも、この年だった。

カミさんの乳がんが転移していたことが判明した。

その前年の暮れから店の近所の「オスピタル・クリニック」という公立病院で仕事の合間に検査と診察を受けていたが、年が明けて胸骨への転移が確認された。この病院はバルセロナで最大の医療機関だ。スペイン国王が入院したことがあり、日本人医師が研修のために派遣されていて、医療のレベルが高い。別の病院で再検査する必要はなかった。

四月には開業から満一〇年になる。ひと区切りつけてもよい時期だろう。東京には手術をしてくれた主治医もいる。二人で帰国して治療に専念しようと決めた。

ただし廃業して豆腐屋をなくすわけにいかない。廃業すればお客が困る。カミさんは「だれかに豆腐屋を引き継いでもらって、店が残るようにしてほしい」と言った。

引き継いでもらう人は豆腐づくりの経験者が望ましいし、そういう人は日本にしかいない。労働居住許可を取得するには時間がかかる。カミさんは「一年やそこらは待つことができる。自分の体のことだから、ちゃんとわかる」と言った。その言葉を私も信じた。

全国豆腐連合会の力を借りる以外に方法がない。八〇年以上の歴史を持ち、国から認可された唯一の豆腐の業界団体である。最盛期の一九六〇年代に全国で約五万軒あった豆腐屋は一〇分の一に減ったが、それでも五〇〇〇軒の豆腐屋と関連企業を網羅している。

二月、私は事務局長の相原洋一さんに事情を説明し、引き継いでくれる豆腐屋さんを募集してほしいと頼んだ。難問にぶつかるたびに何度も助けてもらっていたので、申し訳ない気持ちでいっぱいだったが、快諾してくれた。

相原さんから「次の機関誌で募集の告知を載せましょう。原稿を送ってください」と言われた。私は豆腐屋が知りたいことは何だろうと考えながら、次のような原稿を書いた。

――(見出し)スペイン・バルセロナの豆腐店を引き継ぎませんか

スペインのバルセロナにある豆腐店では店主が七三歳になり、肉体的にも限界が近づいたため、経営を引き継いでくれる人を求めています。バルセロナ市は周辺も含めて都市人口は四二〇万人。一日平均一二〇丁の豆腐と油揚げ、厚揚げ、がんも、納豆をつくっています。弁当や日本食材も販売しており、月商は約二三〇万円です。従業員は弁当担当の一人だけです。

店は広さ一四〇平方メートル。このうち豆腐工房が六〇平方メートル、売り場が五〇平方メートルで、ゆったりしています。機械類はすべて日本から運びました。業務用冷蔵庫、冷蔵ショーケースも日本製です。ボイラーはスペイン製です。

経営を引き継いでいただく条件は、①現地法人の出資金(一五万ユーロ)のうち三分の一以上を買い取り、出資者=経営者になっていただくこと、②ご夫婦、親子、家族など、どんなかたちであれカップル(二人)であること。ご関心のある方は下記アドレス宛てにメールを送ってください。募集は四月一一日をもって締め切らせていただきます。――

経営者になってもらうのは、私とカミさんが完全に身を引いて、日本での治療に専念したいからであり、「二人」であることは作業場と売り場で仕事を分担するためだ。

写真も加えて一ページを使ったこの告知は、三月六日発行の「全豆連報告」に掲載された。スペインで新型コロナ感染者が急増し、外出禁止令が出る直前である。

問い合わせは、北海道、東北、関東、関西などの計七人から届いた。全員に開業以来の売り上げの記録、現地法人の財務データ、店舗の図面、製造機械のメーカーと型番号、スペインの社会保障や年金の制度、自宅の家賃、借り入れは私たち夫婦が資本に準じる劣後債権として貸し付けた二五万ユーロだけであること、などの説明を送った。

質問が相次いだ。「日本人学校がありますか?」「日本から豆腐パックなどの資材を輸出する費用はいくらですか?」「オカラの処理はどうしていますか?」などなど。回答は、質問した人だけでなく全員に送って情報を共有してもらった。

前年度の「日本一」が応募してくれた

締め切り日までに、三人から「バルセロナの豆腐屋を引き継ぎます」という申し込みのメールが届いた。その中から一人を選ばなければならないが、相手の顔を知らないままでは、判断が難しい。そこで、私たち夫婦の写真と自己紹介のメモを送り、「最近の写真とお仕事の様子を送ってください」と頼んだ。

和歌山県の豆腐屋さんからはご夫婦と高校一年の次女、中学一年の長男の写真が送られてきた。長女はすでに社会人になり、末の三女はまだ小学生だという。薪で炊く「地窯」という昔ながらの技法で豆腐をつくり、豆腐料理のレストランも経営している。若いときにアジアで自然保護の活動をし、外国での暮らしも経験済みだ。四八歳と若い。

一つ気になることがあった。労働居住許可の取得は容易でなく、私は全豆連からスペイン大使館に推薦してもらうつもりだったが、全豆連に未加入だった。

神奈川県の巽司さん夫妻はよく知っていたので写真を求めなかった。巽さんは大手の半導体商社で部長職にあったが、たまたま私たちの豆腐屋を取り上げたテレビ番組を見て、「定年退職後は自分たちも外国で豆腐屋になろう」と夫婦で決めた。二人で一年前にバルセロナを訪れ、私の家に一〇日間滞在して豆腐づくりの修業をした。だから、豆腐屋になりたいという決意の固さも、誠実な人柄も、私はよく知っていた。

ただ、定年退職は一年以上先であり、「継承の時期は相談させてください。また継承後はしばらくの間現場でのご指導をお願いします」と書かれていた。

仙台市の豆腐屋さんからはご夫婦で並んだ写真が届いた。彼も四七歳で若い。豆腐屋を営んでいた父親が急逝し、店を引き継いで二一年になるという。仙台市は東日本大震災で大きな被害を受け、豆腐店の建物も傾いて「全壊」判定を受けた。それでも「父の豆腐を目指して」努力を続け、「昨年の全国豆腐品評会で最優秀賞をいただきました」と書いてあった。

企業の駐在員ビザを使う

カミさんと相談し、仙台市のご夫妻に引き継いでもらうことを決め、ほかの二人に了承してもらったが、問題は労働居住許可だ。五万ユーロの出資で自営業の許可を取れるかどうか、ヴィリャ法律事務所の二人の女性スタッフに相談した。経験豊かで優秀な人たちである。

二人によると、自営業の許可は審査に時間がかかるうえ、五万ユーロの出資では初年度に一人しか承認されない恐れが強い。二人目は一年遅れになるということだった。

スペインは失業率が高く、とくに若い世代の就職が難しい。「外国人に仕事を奪われている」という非難が国会で繰り返されており、スペイン政府が外国人の労働居住許可の申請に対して厳しい姿勢で臨んでいることは私も知っていた。

しかし、二人同時に労働居住許可を取る方法があるという。日本の企業が社員を人事異動でスペインに派遣する場合は、いわゆる「駐在員ビザ」という特別な労働居住許可を取るが、これだとスペイン人の仕事を奪うわけではないので承認されやすい、という説明だった。

私とカミさんはバルセロナへ資材を輸出するため、千葉県木更津市を本店とする「株式会社東風」をつくっていた。設立は一三年前、資本金は二〇〇〇万円。定款の目的には「海外における豆腐の製造販売」と書かれ、現地法人の TOFU CATALAN, S. L. に資材のコンテナ輸送を続けていることは、スペイン税関にも毎年の記録が残っている。

仙台のご夫妻に株式会社東風に入社してもらい、その後にバルセロナの TOFU CATALAN, S. L. への人事異動を発令することにした。お二人に事情を説明し、入社や人事異動の書類を整えてヴィリャ法律事務所へ送り、申請手続きを依頼した。

駐在員ビザは九月三〇日に承認された。期限は二年間で、株式会社東風の代表である私が二年ごとに更新手続きをすれば、いつまでも仕事を続けられる。

ご夫妻は一一月末まで仙台の豆腐店を続け、その後は移住の準備を始めた。一二月二日、東北の有力紙である河北新報に大きな記事が載った。見出しは「豆腐日本一　新天地はバルセロナ」。その記事は東京新聞などにも掲載された。

「いつか豆乳ソフトクリームをつくりたい」

二〇二〇年の暮れ、ご夫妻は愛猫を連れてバルセロナに到着した。新年が明けるとさっそく自宅の賃貸契約の名義変更や、出資金の三分の一を買い取る手続きをした。

彼の豆腐づくりは熟練の技だった。カップ型の容器に豆乳を入れ、液体にがりで寄せる。大豆の甘みが引き出され、濃厚な味わいだ。新商品の「寄せ豆腐」として店に並べた。

油揚げにはもっと感心した。私よりも低い温度で大豆を煮て、液体にがりで寄せる。揚げるときも低い温度の油槽の生地を金網で押さえながら時間をかける。その結果、大きくて分厚い油揚げができた。私は店のフェイスブックに写真を載せ、値段も大幅に上げた。

彼は「いつか豆乳ソフトクリームをつくりたいんです」と夢を語った。世界で最高の製造機はイタリアのカルピジャーニ社がつくる装置で、「ソフトクリーム製造機のフェラーリと呼ばれています。その機械でつくるのが夢です」という。フェラーリは、やはりイタリアが誇る世界でも最高級のスポーツカーだ。

奥さんもカミさんからレジスターの使い方などを学び、売り場の仕事をこなし始めた。

二月、私は豆腐屋の経営を彼に全権委任する証書をヴィリャ法律事務所でつくり、署名して登記した。三分の一の出資額であっても、彼に思い通りに経営してもらうほうがよいと考えたからだ。私が関与できるのは年一回の決算書類に署名することだけ。経営にはいっさい口出しできなくなるが、カミさんの治療に専念できる。

三月四日、私たちはルフトハンザ便で帰国の途についた。

木曜日も定休日に

お二人には、店の売り上げ、豆腐と弁当の製造数の日報を送ってほしいと頼んでいた。三月から六月までの数字を送ってくれたが、それを見ると、月間売り上げは三月の一万八〇〇〇ユーロあまり（約二四〇万円）が最大で、その後は減り続け、六月は一万五〇〇〇ユーロそこそこに落ちていた。七月以降の日報はもう送ってこなくなった。

後で知ったことだが、彼は七月一日付の豆腐屋のフェイスブックで「木曜日を定休日に加えます」と告知していた。バルセロナの街や言語を学ぶのに時間を使いたい、という。週に四日半しか営業しないのだ。

豆腐屋の銀行口座の出納記録はBBVAのウェブ上で見ることができる。私は出納記録から売り上げを算出してみた。一二月は一万三〇〇〇ユーロあまりに落ちた。

銀行口座の出納記録からいろいろなことが判明した。彼は店の資金繰りのために日本の銀行の自分の口座から豆腐屋の口座に多額の資金を送っていた。また、私たちが経営していたときは自宅家賃の一五〇〇ユーロを豆腐屋が支払っていたが、彼はその年の秋から自宅の家賃も日本からの送金で支払い、自腹を切っていた。

日本から送った豆腐パックや弁当容器などの資材は税関を通過したが、ユーセン・ロジスティクスによると、彼は引き取りを拒否しているという。すでに運賃や通関費用も支払い済みなのに、バルセロナで容器類を購入していた。

四項目を提案したが

とにかく売り上げを増やさなくてはならない。彼が話していた豆乳ソフトクリームが売り上げ増につながるだろうと考え、私は二〇二二年二月、東京のカルピジャーニ日本支社で開かれた講習会に参加した。講師のイタリア人技師から豆乳でソフトクリームをつくる方法を学び、植物性の安定剤も教えてもらった。

九月末に駐在員ビザの期限が来る。このまま次の二年間も同じように経営することは不可能だろう。経営の全権を委任しているので、私の提案を検討してもらうには、駐在員ビザの更新を条件にするしかないと考えた。

六月二日、私は彼に長いメールを送り、四項目の提案をして、同意が得られれば駐在員ビザの更新に応じると伝えた。提案は、①豆乳ソフトクリームを製造販売する。カルピジャーニ社の製造機械は私が購入して無償で貸与する、②木曜日も営業する、③バルセロナ港に保管されている資材を受け取って活用する、④経営委任に「一〇〇〇ユーロを超える支払いや借り入れには取締役(私)の事前承認を必要とする」などの制限を設ける、という内容だ。

二カ月近くメールでやりとりしたが、進展しなかった。彼は「ビザの更新を承認してから提案してください」と繰り返した。しかし、ビザを更新してから提案しても、経営の全権委任を理由に拒否されることは明らかだ。

七月末、私は最後のメールで「同意」がないのでビザの更新はしないと通告した。「二年近くバルセロナの豆腐店を営業していただき、心からお礼を申し上げます」と結んだ。

志願者は会社でただ一人の「豆腐の匠」

次に引き継いでくれる人を急いで見つけなければならない。一人、心当たりがあった。豆腐を冷蔵車で移動販売し、急成長を遂げた染野屋の小野篤人社長である。本店と工場は茨城県取手市で、東京の丸の内にもオフィスがある。小野さんは五年前に家族とバルセロナを訪れ、豆腐屋や自宅も見てくれた。「私も欧州で豆腐屋をやりたいんです」と語っていた。

八月二日、小野さんに「バルセロナの豆腐屋を引き継ぎませんか」とメールした。「明日、すぐ会いたい」と返事が来た。

来店した小野さんご一家
(2015年)

あらかじめ財務データや開業以来の売り上げ日報を送り、会いに行った。小野さんと会うのは五年ぶりだが、四八歳という年齢よりずっと若く見えた。

豆腐の製造設備を説明し、関根商会の関根社長から「一日に一〇〇〇丁はつくれますよ」と言われたことを話したら、小野さんは顔を上げて「関根さんがそう言ったんですね」と念押しし、考え込んだ。私は頭をガンと殴られたように感じた。一日に一二〇丁もつくれば上出来だと思い続けてきたが、小野さんは真剣に「一〇〇〇丁」を考えている。小さな豆腐屋を大きな企業に育てた経営者は、発想も思考法も私なんぞとは違うのだと痛感させられた。

五日後、小野さんからメールが届いた。「引き継ぐことを決定しました。明日、全社員に伝えてバルセロナに派遣する人を公募します。五年をめどに年商三億円規模に成長させるつもりです」とあった。私が経営していたときの一〇倍の売り上げだ。

翌日、小野さんから電話があった。「いやあ驚きました。最初に手を挙げたのは入社第一号のベテランで、豆腐づくりの技術でただ一人、最高位の匠《たくみ》の称号を持つ男なんです」という。徳田晴可さん、小野さんと同学年だという。「ヨーロッパで豆腐をつくりたいとひそかに思っていたそうです」。小野さんはなんだかうれしそうだった。私もうれしかった。

引き継ぎが決まったので、バルセロナ港に保管されている資材を店に引き取るよう、彼への働きかけを小野さんに頼んだ。貨物はようやく店の倉庫に収まった。

豆乳ソフトクリームは大成功

九月、私は二度目の事業継承のためバルセロナへ行った。小野さんもやってきた。

私がカルピジャーニ社のスペイン支社に注文しておいたソフトクリーム製造機械が店に届いていた。九月二九日夜、技術者のアンジェロさんがマドリードから来訪するというので、小野さんと一緒に作業を見守った。

アンジェロさんは「豆乳でつくるのは初めてなのでレシピを研究してきた」と言い、砂糖やオリーブオイルの量をはかって豆乳と混ぜ、スイッチを入れた。やがてソフトクリームが出て

豆乳ソフトクリーム試作に成功（右から薬師神洋子さん，小野篤人さん，技術者のアンジェロさん）

きた。私たちは味見をして「うまい！」と叫んだ。ご夫妻は豆腐屋の仕事をする最後の日だった。小野さんは「あなたも食べてみたら」と誘い、彼は一口食べて「おいしいです」と言った。

翌日、公証人事務所に関係者が集まった。ヴィリャ弁護士はあらゆる事態を想定し、たくさんの書類を作成していた。それらをすべて机の上に並べ、株式の買い取りも含めて一括で解決金を支払う方式だ。その金額は妥当と思われたので、私と小野さんは同意していた。

双方が署名を繰り返し、三〇分ほどで終わった。小野さんはカミさんの保有株すべてと私が持つ株式の一部も買い取り、染野屋が株式の三分の二を持ちたいという。その手続きも済ませて、TOFU CATALAN, S. L. は染野屋の子会社になった。カミさんに電話で知らせたら、「あとはお任せすればいいのね」と言った。声がはずんでいた。

徳田さん夫妻には小学生の長女と二歳の長男がおり、四人のビザを取得する必要がある。バルセロナに着任できるのは年明けの一月になるだろう。それまでの三カ月間、お客とのつながりを断ち切りたくない。弁当やおにぎり、日本食品だけでも店を開けておきたかった。弁当担当の伊神紀子さんは承知してくれた。納豆のつくり方も伝授した。営業は午後三時までとし、売り場担当の男性をパートで雇い、私はいったん帰国した。

ウィーン産の大豆で豆腐をつくる

私は徳田さんとご家族を迎えるため、またバルセロナを訪れた。二〇二三年一月一四日、ご一家が到着した。染野屋の小林正哉さんも大量の手荷物を持って同行していた。経営管理を担当するという。まだ二〇代の若者だ。

徳田さんご一家をマンションに案内した。翌日は日曜日だったが、徳田さんが豆腐を試作したいというので、一緒に店の作業場に行った。徳田さんは製造機械を点検し、徹底的に洗った。とくに絞り機は五回も六回も熱湯をくぐらせて回し、排水がきれいになるまで続けた。「機械を徹底的に洗うのが私たちのやり方です」という。

前日に水浸《みずづ》けしたカナダ産の大豆で豆腐の試作を始めたのは午後六時近かった。作業場に大豆の香りが立ち込めた。できあがった豆腐はお世辞抜きでほんとうにおいしかった。一部をマンションに持ち帰り、みんなで明枝夫人の豆腐料理を味わった。

小林さんは小野さんの指示で、日本からウィーン産の大豆を一袋ずつ二種類注文しており、その大豆がすでに豆腐屋に届いていた。

一八七三年にウィーン万国博覧会が開かれたとき、維新後まもない明治政府は初めて万国博への参加を決め、北海道産の大豆などを出品した。ヨーロッパでは大豆を栽培しておらず、オーストリアの農業研究者が注目して北海道から大豆を取り寄せ、栽培を始めた。

それが定着して、いまではウィーン周辺で大豆生産者が増えている。小野さんは欧州進出を模索していたときにこの大豆に着目し、現地へ行って生産者と親交を結んでいた。無農薬栽培の有機大豆である。それを使おうと考えて注文させていた。

徳田さんが着任して二日目と三日目は、二種類のオーストリア産大豆で豆腐をつくり、小林さんと二人で味や香りを評価した。「こちらのほうが甘みを感じますね」「香りはどちらも申し分ないですよ」。ウィーン万国博覧会から一五〇年の時を超えて、日本由来の大豆が豆腐になったのだ。このバルセロナで……。二人の会話を聞きながら、私は壮大な歴史の物語を目撃しているような感慨にひたった。

第15章

カミさんと私

「家内」でも「女房」でもなく

私は妻の美知子を「カミさん」と書いてきた。

第三者に対して自分の妻をどう呼ぶか。これはけっこう難しい問題である。世間で多いのは「奥さん」「女房」「家内」「嫁」あたりだろうか。

しかし「奥さん」には家の中で家事にいそしむ人というイメージが付きまとう。「女房」もかつては宮中などで高位の女官の部屋を意味する言葉だった。女官も奉仕するのが仕事だ。「家内」にいたっては、いつも家の中にいる人を想像させる。「嫁」は夫が主人であることをにじませた言い方ではないか。「女」偏に「家」と書く文字にも抵抗を感じる。

私が中学生のころ、毎週日曜日にテレビで「カミさんと私」という連続ドラマの放送が始まり、家族で見ていた。伊志井寛《かん》さんが気難しい夫の「私」を演じ、京塚昌子さんがふくよかでおおらかな妻の「カミさん」を演じていた。夫の機嫌が悪くても、家族のだれかが問題を起こしても、カミさんは笑顔を絶やさず、包み込んでしまう。

それ以来、私にとってはこの二人が夫婦像の原型となり、頭の中に「カミさん」という言葉が棲みつくようになったのだと思う。語源は知らないが、妻の異称である「山の神」から生まれた言葉だろうと、勝手に思っていた。

「刑事コロンボ」にも影響を受けた。コロンボはしょっちゅう「うちのカミさんが」と言うが、六〇話を超すシリーズでカミさんは一度も画面に登場したことがない。視聴者は想像するしかないが、私はたぶん京塚昌子さんのような人だろうと、勝手に思い描いた。

いま振り返ると、外部の人に「カミさん」を使うようになったのは、「刑事コロンボ」を見始めてからだったと思う。結婚してからは夫婦で見るようになったが、彼女も「うちのカミさん」が気に入った様子だった。

バルセロナで豆腐屋を開業し、カミさんが売り場の主になると、お客から「おかみさん」と呼ばれることが多くなった。ふつうは「女将」と書いて商店や料亭、旅館などの女主人を指す。

実力とともに威厳を備えた存在だ。店の「顔」であり、従業員らを差配する。本人も「豆腐屋の女将としては」などと、自分でもときどき使うようになった。

こうして、私の中で「カミさん」が定着した。

「生きることに蛮勇を振るう」

知り合ったのは、新聞社に就職して最初の任地である佐賀市だった。新米記者の仕事として若い女性の写真にひと言を添えた地方版の小さなコラムを担当させられた。午後一時半に夕刊の締め切りが過ぎると、県警本部の記者室を出て、企業や商店、学校などを回った。

ある日、洋服のデザインや縫製を教える学校を訪ね、生徒を二人紹介してもらった。その一人がカミさんだった。私の下宿から支局までの道筋にある大きな下駄屋の娘で、ときどき出勤途中に顔を合わせると、あいさつした。

二年後、熊本大学の研究班が天草で水俣病と酷似した患者を見つけたことが報道され、有明海に面した佐賀県でも取材に追われた。私はそのさなかに四〇度の高熱で倒れ、急性肺炎と診断されて入院した。彼女は見舞いに来てくれて、「退屈でしょうから」と本を置いていった。中野好夫著『スウィフト考』(岩波新書)。退院したら買うつもりだったので、テレパシーで通じたのだろうかと不思議だった。

その年の秋に私は下関支局へ異動した。カミさんは福岡市の衣料品メーカーで働き始めた。下関での仕事に慣れたころ、私は結婚を申し込み、佐賀市のご両親に会いに行った。

お父さんは戦前の長崎高等商業学校で学んで三井物産に勤め、戦後は退職して父の下駄屋を継いだ。いつも広辞苑を座右に置き、新聞を丹念に読むのが趣味だという。下駄を履く人が減ったので店はたたんでいた。大分県に工場を持ち、九州一円に出荷していたという。

後でお父さんから手紙をいただいた。「美知子は生きることに蛮勇を振るうことができる子です」とあった。

下関で結婚してまもなく、北九州市の西部本社に転勤し、三年後には東京本社の社会部に異動した。どちらも主に事件記事を書いた。東京社会部では警視庁記者クラブに配属され、殺人や誘拐などの凶悪事件を受け持つ捜査一課と盗犯を受け持つ捜査三課を担当した。

殺人事件が起きると、担当の刑事たちは捜査本部に詰めっきりとなり、話を聞くには深夜の帰宅時か早朝の出勤時に自宅のそばで待つしか方法がない。捜査本部がいくつもあるので、私は午前二時ごろに帰宅し、午前五時にはまた刑事の自宅へ向かう生活が続いた。

平日はカミさんも子どもたちも寝顔しか見ることができない。家族のきずなを維持するにはスキンシップ程度ではとても足りないと考え、日曜の朝食と夕食は私がつくることにした。ひそかに「ストマックシップ」と名付けた。胃袋をつかむのが狙いだ。

中学三年生のときに下宿して自炊をしたので、料理の心得はわずかながらあった。幸い評判が良く、「茶わん蒸し」や「牛スジ入りのおでん」などをよく注文された。

リハビリとアルバイトを兼ねて

カミさんが最初の乳がんの手術を受けたのは三四歳のときである。私が「世界名画の旅」の取材でメキシコにいたとき、宿舎に電話がかかってきた。「いま病院にいる。乳がんと診断されて、これから手術室に移る」という。驚いたが、どうすることもできない。翌日、早期発見だったので部分切除で済んだと電話があった。ちょっと安心した。

二年後、局所再発と診断されて、また部分切除の手術をした。二度目だったのでリンパ節を取り、放射線治療も受けた。

わずか二年での再発は、さすがにショックだったのだろう。心痛と放射線治療でかなり体力が落ちたように見えた。カミさんはある日「明日から新聞配達をする」と宣言した。「新聞配達すればリハビリができて、お小遣いも稼げるから」という。

配達区域は私たちが借りている公団住宅の団地だ。明け方、販売店が団地に新聞の束を置いていくので、それを肩から下げたベルトに入れて配達する。百数十戸に配り終えるまで一時間半。通勤の手間はかからない。万歩計ではかったらいつも「八〇〇〇」前後の数字だった。カミさんは「夜明けの八〇〇〇歩」と呼んだ。

効果はひと月も経たないうちに現れた。食欲が増し、顔色が良くなり、体がきびきびと動くようになった。本人も「熟睡できるし、疲れなくなった」という。

おまけに新聞配達は、すごく割のいい仕事のようだった。働く女性はみんな洋服代と化粧品代に相当なおカネをかけているという。「でも新聞配達はTシャツとトレパンでいいし、化粧もしなくて済むのよ」と得意げだった。

がんと闘っている人は大勢いるが、新聞配達でリハビリし、小遣いも稼いでいるという人は聞いたことがない。「生きることに蛮勇を振るうことができる子」なのだと再認識した。

二年後、今度は「鍼灸師の国家資格」を取ると言い出した。がん治療に関する本を手当たり次第に読んでいたが、終末治療でモルヒネ系の鎮痛剤を使わず、鍼で痛みをコントロールする研究が進んでいるという。「モルヒネ漬けで死にたくないわ、鍼灸師になれば自分で鍼を打って痛みを減らせる」と言った。

国家資格を取るには鍼灸学校へ三年間通わねばならない。授業料などは新聞配達で貯めたおカネを使うから通わせてほしいという。私は事件取材を離れて少しはふつうに近い生活ができるようになっていたので、子どもたちの世話は心配するなと約束した。

鍼灸の本だけでなく、『臨床医学各論』『解剖学』などの分厚い教科書を積み上げ、赤線を引きながら読み込んだ。鍼灸では全身の「ツボ」を重視し、一〇〇近くある難解な名前を覚えねばならない。ツボの全身図をトイレの壁にも貼り、しょっちゅうツボの名前をつぶやいた。

幸い国家試験に合格し、卒業した。大きな鍼灸院に午前だけ勤めた後、自分の鍼灸院を開いた。私たちが住んでいた習志野市の公団住宅が、空き家のままだった数戸を居住者に格安で貸すというので、低層階の小さな区画を借りた。看板も出さず、口コミだけに頼っていたが、それでも週に一〇人くらいの患者が来るようになった。

ある日曜の午後、鍼灸院の横に街宣車が駐車し、制服姿の隊員が立っていたので、心配して見に行った。かなり名が知られた政治団体の代表が出てきて、「先生、来週もお願いします」と言って街宣車に乗り込んだ。「あの人物から先生と呼ばれているのか?」と訊いたら、カミさんは「患者だもの、当然でしょ」と言った。

新聞配達を始めてまもないころから、ヨガも始めていた。教室に通い、帰宅してからも日に何度かポーズをとった。熱心に続けたので、指導者からヨガ教室を開くよう勧められた。鍼灸院を開いたころ、近所の公民館でヨガを教え始め、やがて教室は二カ所になった。

スペイン語の個人教師は中学生

二人でバルセロナに移住するには、せっかく開いた鍼灸院もヨガ教室も閉じなければならない。それは容易でないだろうと心配したが、カミさんは患者を親しい鍼灸師に紹介し、ヨガ教室の先生を探して後を託した。

カミさんは早々とバルセロナでの新しい生活に目を向けているようだった。なぜ一緒に来てくれるのか、何度か訊いてみたが、いつも「子どものころにフラメンコの人形を大事にしていて、憧れていたから」という返事だった。フラメンコの本場はスペイン南部であって、バルセロナではないのだが、そういうことは問題ではないらしかった。

豆腐屋のお客の半分はスペインの人である。売り場を預かるからにはスペイン語を話せなくてはならない。出発前のにわか勉強で片言は話せるようになっていたが、お客とのやりとりには不十分だ。カミさんはスペイン語と英語、それに「えーと」などの日本語をちゃんぽんにし、身振り手振りを交えて話す。お客のほうも必死で意味を汲み取り、数字を指で表したり、メモ用紙に書いたりして意思の疎通に努める。それでどうにか販売と代金の受け取りができていた。カミさんはスペイン語でも「蛮勇を振るう子」だった。

開業前からいろんなことで助けてくれて、私が「豆腐屋の応援団長」と呼んでいた弁護士夫人の土屋順子さんから「長男のオスカルをスペイン語の家庭教師にしたら?」と、ありがたい提案をいただいた。順子さんの一家は全員がバイリンガルで、中学生のオスカル君もスペイン語と日本語を流暢《りゅうちょう》に話す。おまけに「社会勉強だからお駄賃は不要、お店が忙しいときはこき使ってよい」という。

毎週一回、午後の営業時間帯に売り場の横の事務スペースでオスカル君の個人授業が始まった。カミさんは授業より雑談を好み、宿題もせず、いつも先生を困らせた。

カミさんはお客に代金を告げるとき、たとえば「10 euros(ディエシ・エウロス)」などと金額だけを伝えていた。オスカル先生は「Serán 10 euros, por favor(セラン・ディエシ・エウロス、ポル・ファヴォール)」のほうが丁寧な言い方だと教えてくれた。

授業が終わった後、カミさんはスペインの男性客に、さっそくその言い方を使ったらしい。お客から「セニョーラ、スペイン語が上手になりましたね」とほめられたという。上機嫌で、自信もついたようだった。おそらく学習意欲も高まったのだろう。目に見えて会話力が向上した。電話でのやりとりもほとんどこなせるようになった。

一方の私は日本で六カ月間も語学学校に通ったのに、売り上げを銀行に入金するときなどの定型的な会話以外はからきしだめだった。作業場にこもり一人で仕事をしていたせいもあるが、中学から大学まで受験英語一辺倒で、聞き取りも会話もまったく習ってこなかったことも理由の一つだと思う。自分の外国語が相手に通じなかったらどうしようという恐怖心や羞恥心が先に立って、委縮してしまう。私は「蛮勇」が足りないのだ。

鍼灸の技量はたいしたものだった

予想していなかったことだが、鍼灸院とヨガ教室はバルセロナでほどなく再開できた。

私たちは文化財の建物の一区画を借りて暮らし始めたが、この家には二〇畳くらいの広い主寝室があった。カミさんはそれを見て、その年の資材用コンテナに鍼灸の患者用の電動ベッドと温熱ランプを加えた。患者は当面、私しかいない。それでもツボを探る指先の感覚を研ぎすましておくために、だれでもいいから体に触る必要があるのだという。

電動ベッドとランプを片隅に寄せると広い床が残る。布団を収納庫にしまうと畳ベッドはヨガの教師がポーズを見せる舞台になる。そこで毎週一回、ヨガ教室を開くことにした。女性客に声をかけ、進出企業の駐在員夫人を中心に一〇人近い生徒が集まった。教室は午後二時に始まる。豆腐屋の午前の営業は午後三時までなので、その日は午後二時の少し前から私が売り場に立ち、カミさんを教室に送り出した。

身びいきで言うわけではなく、カミさんの鍼灸の技量はたいしたものだった。豆腐づくりに慣れない時期、私の体は何度も変調をきたした。全身に発疹が広がって眠れなくなったとき、隣のカミさんを起こすと、足の裏のツボにお灸を一〇回すえた。発疹はすぐ消えた。

夜中に左半身が引きつって動けなくなったときも、背中と腰に鍼を打ってくれて、朝には出勤できた。ひどい鼻風邪にかかると鼻のツボを指圧した。佐賀弁で「私が治しちゃるけん」と言って、すぐ体を元通りにしてくれるのである。鍼灸師の妻と暮らしたおかげで、一〇年あまりの間、私は一日も休むことなく豆腐をつくることができた。

カミさんが国家資格を持つ鍼灸師であることが知られるようになると、治療を希望するお客が現れ始めた。法律事務所からは、スペインには鍼灸に関する法律がないので治療をしてもいいが、国家資格の証書を手元に置いたほうがよいと言われ、証書を持ってきていた。開店前の午前中という条件で患者を受け入れた。ヨガ教室の生徒の中にも治療を望む人がいた。

ある日、近所に住んでいる三〇代の女性患者が店に駆け込んできて、「先生、わたし妊娠しました」と叫んだ。カミさんは「私は冷え症の治療をしただけよ」と言ったが、彼女は「結婚して一〇年近く子どもに恵まれないので、もうあきらめていたんです。不妊治療もしたことがないし、鍼灸以外のことは何もしていません」と引き下がらない。

その後、別の患者二人からも相次いで「妊娠しました」と言われた。豆腐屋のおかみさんの鍼灸は不妊症にも効くという噂が広がった。

ヨガ教室は、進出企業が管理業務をスペイン人幹部に任せて駐在員を引き揚げ、生徒が減ったので閉じた。しかし、鍼灸院のほうは患者が絶えなかった。

なんとしても鎮痛剤をゼロにする

豆腐屋を開業して六年目、六五歳のカミさんは乳がんの手術を受けた。五三歳のときに豆粒ほどの腫瘍を部分摘出していたので、一二年ぶり、四度目の手術である。

バルセロナに移住したときから左胸のしこりに気づいていたが、仕事に追われてそのままにしていたという。それが大きくなったので、あらかじめ主治医に相談し、八月の夏休みに帰省したらすぐ診察を受けられるように手配した。

組織検査の結果は「悪性」で、ただちに全摘出の手術が行われた。主治医から「がんはきれいに取れ、その後の検査でも転移がないことが確認できた」と言われた。毎年検査を受けることになり、帰省するたびに病院へ通った。

翌年の検査では異常がなかったが、二年目の血液検査で腫瘍マーカーの数値がほんの少し正常値を超えた。三年目には数値がさらに上がった。その年の暮れには胸に痛みを感じるようになったので、豆腐屋の近くのオスピタル・クリニックで検査を受けた。

年が明けた二〇二〇年一月、胸骨と肋骨に転移していることが確認された。医師はモルヒネ系の鎮痛剤を処方し、二種類の抗がん剤を薦めた。カミさんは抗がん剤を断り、鎮痛剤だけを購入した。そして「鎮痛剤を少しずつ減らしてゼロにする」と宣言した。

鎮痛剤は液体で一日の服用量は「二〇滴以下」とされていた。半分の一〇滴から始め、一〇段階で自己診断した痛みと体調とともに実際に服用した量を一枚のグラフ用紙に記入し始めた。用紙がいっぱいになると紙を継ぎ足していく。鏡を見ながら自分で胸にお灸や鍼もした。

豆腐屋の後継者を探し、コロナ禍の外出禁止令に対応している時期も休まず書き続け、グラフ用紙は一メートルもの長さになった。痛みと鎮痛剤の線はゆるやかながらも下がり続け、承継した仙台の豆腐屋ご夫妻を迎えたころには、鎮痛剤がゼロになっていた。

帰国して木更津の自宅に戻ると、バルセロナでの検査結果や画像データを持って近くの大きな病院へ行き、診察を受けた。医師が処方した新しい分子標的薬やホルモン療法の薬を飲み始めた。しかし、副作用が強くて耐えられず、処方の中断をお願いした。

カミさんは西洋医学の化学療法や放射線治療に頼らず代替療法だけで克服しよう、そして最後まで自宅で過ごそうと決意した。三五年間もがんと付き合ってきて、さまざまな代替療法があることはよく知っている。それらの中で副作用がないものを選んで治療を受けた。

一時期は毎日のように高速バスで東京の医院に通い、また別の時期には私が運転する車に乗り、往復一二〇キロをドライブして新横浜の医院にも通った。

腫瘍マーカーの数値が下がり、食欲も出た時期があった。しかし、年が明けると体調は下り坂になった。夏が過ぎると痩せ始め、体重を訊いても「言いたくない」と答えを拒んだ。

九月、私は染野屋に経営を引き継いでもらうためにバルセロナへ行かねばならず、佐賀市からカミさんの妹の真理子さんに来てもらい、看病をお願いした。


「先生、モルヒネを使ってください」

暮れから一月にかけて、新しい店主になる徳田さんご一家を迎えるため、再びバルセロナへ行った。このときも真理子さんに来てもらった。帰宅すると、カミさんはさらに痩せていた。

真理子さんに残ってもらい、二人で看病することにした。

カボチャのポタージュなら食べるというので、私は毎朝つくった。真理子さんは佐賀名産の貝のかす漬けやイクラを添えた小さなおにぎりをつくった。ポタージュはお椀一杯をいつもたいらげ、おにぎりも残した分は昼に食べた。

医院へ行くことが減った代わり、自宅での鍼灸治療を欠かさず続けた。スマホで背中を写し、その画像を見せながら私と真理子さんがお灸をした。足湯の道具を買い、就寝前にいつも足を温めた。病院の緩和外来に頼んで酸素吸入装置を導入した。簡易トイレと歩行の補助具もベッドの横に置いた。病院の個室にも負けない、設備の整った部屋になった。

三月に入ると衰えが急に進んだ。胸に水がたまり、体を横にするのが苦しくて、電動ベッドの背もたれを高くしても眠れなくなった。訪問看護師の派遣を頼んだところ、カミさんの容体を見て、すぐ訪問医師に来てもらう手続きをしてくれた。

三月一五日、カミさんは看護師に「私がいちばん気に入っているのは週刊誌を持っている写真なの、見てほしい」と言って、スマホを操作した。しかし見つからず、あきらめた。午後、診察に訪れた医師に「先生、モルヒネを使ってください」と言った。意識がはっきりしていたのは、その日が最後だった。

翌日、医師がエコー診断装置で調べたところ、肺の三分の二に水がたまり、がんは肝臓にも転移していた。「子どもさんたちを呼んでください」と言われた。三月一七日、医師が痛み止めのモルヒネを皮下注射すると、カミさんの苦しげな表情が消え、呼吸も楽になって、体を横たえることができるようになった。それから五時間後、家族が見守る中で呼吸の間隔がだんだん長くなり、やがて止まった。穏やかで静かな旅立ちだった。七一歳だった。

創業者の名前はいつまでも残る

告別式を依頼するため近くの葬儀社を訪れると、「遺影はどうしますか？」と訊かれた。カミさんと看護師との会話を思い出し、スマホに保存されていた三〇〇〇枚の画像を調べて、「週刊誌を持っている写真」を見つけた。平成から令和に代替わりしたときの写真だった。

通夜は家族だけで営み、告別式は一週間後とした。親族までの内輪の式を考え、いちばん小さな斎場を予約した。しかし、口づてで多くの人に知れ渡ったらしい。出張で日本にいた「ざ・抹茶はうす」の薬師神さんは、ヨガ教室の生徒だった人と葬儀社の霊安室を訪れ、遺体と対面してくれた。斎場には「バルセロナの友人一同」と書かれた大きな生花が飾られ、一六人の名前が記されていた。豆腐業界からも大勢の人が参列して椅子が足りなくなった。

バルセロナで豆腐屋にならなければ会うことがなかった人たちである。私は喪主のあいさつで、カミさんがいつも「バルセロナでの一〇年は私の宝物よ」と言っていたことを報告した。

数週間後、染野屋の小野さんがウィーン産の大豆でつくった木綿と絹の豆腐二丁を持って木更津の我が家を訪れた。バルセロナからスーツケースに入れて運び、空港から直行したのだという。小野さんは遺影に豆腐を供え、「美知子さんに食べてもらいたかった」と言った。その晩、冷ややっこと湯豆腐にして味わったが、じつにおいしい豆腐だった。

バルセロナの豆腐屋は染野屋チームによって改革が進められている。消費期限をひと月以上に延ばせる「充塡豆腐」を新たな主力製品にして、日本から運ぶ大豆ミートの冷凍総菜とともにスペイン全土で販売する計画だ。すでに配送と販売を引き受ける食品商社が内定しており、フランスやドイツからも引き合いが来ている。

隣のイタリア食材店が閉店したのを機に、そこも借りて冷蔵室や冷凍室をつくることを決めた。バルセロナの豆腐屋は大きく羽ばたいて、これからも長く続くだろう。

染野屋は江戸時代の文久二(一八六二)年に始まり、創業して一六〇年になる。小野さんは私にいつも「ファウンダー(創業者)は事業が続く限り、いつまでも名前が残るんです」と語っていた。

小野さんは豆腐屋ではなかったが、妻になった人が染野屋の娘で、結婚後まもなく義父が他界したため、急きょ染野屋を継いだ。移動販売で急成長させた後、小野さんは創業者の「半次郎」を襲名し、「八代目半次郎」を名乗っている。

そういえば告別式を依頼した近所の葬儀社も江戸時代の天保年間に始まり、一八〇年以上の歴史を持っていた。調べてみると、創業二〇〇年を超える長寿企業は日本でも一三〇〇社以上ある。創業三〇〇年、四〇〇年という企業も少なくない。

4カ月住んだバルセロナのオスタルで

カミさんと私は、バルセロナで豆腐屋になったことで、もしかしたら生身の人間が望み得ない長い「いのち」を手にしたのかもしれない。遺影に手を合わせながら、そんなことをときどき考えている。

おわりに

もしもバルセロナで豆腐屋にならなかったら、私の後半生はどうなっていただろう。

定年後の嘱託再雇用で会社に残り、編集や取材の手伝いをしたかもしれない。マンションの管理組合の役員や町会長も続けていただろう。体重は九〇キロを超えたままで、肝機能や血圧、血糖値の数値はよくならず、病院通いをしているだろう。

しかし、かつての同僚や近隣の住人とのつながりは続き、心穏やかな日常が続いただろう。両親を見送った後の実家に足しげく通い、菜園づくりに精を出したかもしれない。

心穏やかな日常は、老境にある者にとってたいせつだ。それは容易に得られるわけではない。前半生で努力を重ね、さまざまな苦難を克服してようやく手にするものだ。努力しても得られず、心安らかでない老後を過ごしている人が大勢いる。

まったく違う後半生を生きようとする「一身二生」は、この心穏やかな日常を手放すということだ。不案内な土地で、不慣れなことに挑戦すれば、次々と問題に見舞われる。乗り越えられそうにない壁にぶつかり、途方に暮れることもある。

そのかわり、退屈とは無縁だ。何もかも自分の責任であり、自分で決める。後半生の定年は規則でなく、自分の判断で決める。続けられると思えば、いつまでも続けられる。

私とカミさんの試みを、長女は「豆腐アドベンチャー」と名付けたが、前半生と違う後半生を生きようとする人は、みんな冒険者なのだと思う。危険を承知のうえで挑戦するという意味では、ヒマラヤをめざす登山家や急流を下るカヌー操者と同じだ。

豆腐屋の一〇年を振り返ると、私は冒険者の心得が足りなかったと反省せざるを得ない。

登山家たちは、出発の前に装備を何度も点検し、地形や気象情報も入念に調べる。用意周到であることは生還するための必須条件だからだ。しかし、私はバルセロナの豆腐事情すらよく調べず、アジアからの輸入品やドイツ、スペイン製がたくさん出回っていることも知らずに突進した。お客の動向をつかめず、多くの人を雇って資金繰りで苦しんだ。

堅固な石橋でも渡る前に叩いて確かめるという、当たり前の慎重さが欠けていた。小さく生んで大きく育てるという、これも当たり前の知恵を忘れていた。

冒険者たちは周到な準備をするが、スタートしてからは勇猛果敢であることを求められる。それまでの鍛錬を信じ、自分の技量に賭ける。

この点でも、私は合格したとは言えない。理屈で考えがちな私は、お客が少ない日が二日も続くと「もうダメかもしれない」と塞ぎこんでしまう。カミさんに「馬鹿ねえ、今日来なかったお客さんは明日来るのよ」と言われて、気を取り直すことが何度もあった。

悲観主義で準備し、楽観主義で前進する。冒険者には両方の資質が必要だが、一人で併せ持つことは難しい。私の場合は「蛮勇」のカミさんのおかげで続けることができた。一人では難しいことも、二人ならやり遂げられる場合がある。

苦労は山ほどしたが、それでも冒険した甲斐があった。新たに大勢の友人を得たからだ。たくさんのことを教えられ、学び、喜びを分かち合うことができた。バルセロナで豆腐屋にならなければ、永久に会うことがなかった人たちである。「心穏やかな日常」は手放したが、それに勝るとも劣らない「宝物」をもらったのだと思う。

井上ひさしさんが書いているように、「人生の山が一つから二つにふえた」時代である。二つ目の山に挑戦する人はすでに大勢いるし、今後はさらに増えるに違いない。そうした人たちが集う場として「一身二生倶楽部」というウェブサイトをつくった(「一身二生」で検索可能)。

https://www.1shin2sho.com

体験を語り合ったり、工夫や知恵を寄せ合ったりする場になることを願っている。

「バルセロナの体験をお書きになりませんか」というお誘いを、岩波新書編集部の清宮美稚子さんからいただいたのは、二〇一八年秋だった。開業して八年目である。

「豆腐屋を卒業したら書きましょう」と返信した。しかし、日本の若いご夫妻に豆腐屋を継承してもらって二〇二一年春に帰国したものの、一度目の事業継承がうまくいかず、カミさんの看護もあって、卒業した気分にはなれなかった。

書き始めたのはカミさんの葬儀といろんな手続きを終えて、しばらく経ってからだ。豆腐屋で修業したときのメモや製造機械を集めてコンテナで運んだ記録などは実家に残っていた。開業してからずっと、子どもたちや姉と妹に毎月数回、豆腐の売れ行きや出来事をこと細かにメールで報告してきた。新型コロナウイルスが蔓延したときの対応やプラスチック規制など、さまざまな資料も捨てることができなくて日本に持ち帰っていた。それらが役に立った。

原稿を渡したのは二〇二三年の晩秋。お誘いをいただいてから五年も待たせてしまった。打ち合わせを重ね、数章を加えた改訂原稿を渡したところで清宮さんは定年退職を迎えられ、そのあとの編集作業は石橋聖名さんが引き継いでくださった。

原稿を書くまでの経緯と、お二人への感謝を付記しておきたい。

清水建宇

1947年生まれ．

神戸大学経営学部卒．1971年，朝日新聞社入社．東京社会部で警視庁，宮内庁などを担当．出版局へ異動し，『週刊朝日』副編集長，『論座』編集長．2000年1月から2003年3月までテレビ朝日「ニュースステーション」でコメンテーター．2007年，論説委員を最後に定年退職．この間，『大学ランキング』創刊の1995年版から2008年版まで13冊の編集長を務めた．

これまでたずさわった本に『ふぐ』『世界名画の旅 1〜3』(いずれも朝日新聞社)，『就職お悩み相談室』(森永卓郎氏との共著，講談社)などがある．

バルセロナで豆腐屋になった
—定年後の「一身二生」奮闘記　　岩波新書(新赤版)2051

2025年1月17日　第1刷発行

著　者　清水建宇《しみずたてお》

発行者　坂本政謙

発行所　株式会社 岩波書店
〒101-8002 東京都千代田区一ツ橋 2-5-5
案内 03-5210-4000　営業部 03-5210-4111
https://www.iwanami.co.jp/

新書編集部 03-5210-4054
https://www.iwanami.co.jp/sin/

印刷・三陽社　カバー・半七印刷　製本・中永製本

ISBN 978-4-00-432051-7　　Printed in Japan

岩波新書新赤版一〇〇〇点に際して

ひとつの時代が終わったと言われて久しい。だが、その先にいかなる時代を展望するのか、私たちはその輪郭すら描きえていない。二〇世紀から持ち越した課題の多くは、未だ解決の緒を見つけることのできないままであり、二一世紀が新たに招きよせた問題も少なくない。グローバル資本主義の浸透、憎悪の連鎖、暴力の応酬――世界は混沌として深い不安の只中にある。

現代社会においては変化が常態となり、速さと新しさに絶対的な価値が与えられた。消費社会の深化と情報技術の革命は、種々の境界を無くし、人々の生活やコミュニケーションの様式を根底から変容させてきた。ライフスタイルは多様化し、一面では個人の生き方をそれぞれが選びとる時代が始まっている。同時に、新たな格差が生まれ、様々な次元での亀裂や分断が深まっている。社会や歴史に対する意識が揺らぎ、普遍的な理念に対する根本的な懐疑や、現実を変えることへの無力感がひそかに根を張りつつある。そして生きることに誰もが困難を覚える時代が到来している。

しかし、日常生活のそれぞれの場で、自由と民主主義を獲得し実践することを通じて、私たち自身がそうした閉塞を乗り超え、希望の時代の幕開けを告げてゆくことは不可能ではあるまい。そのために、いま求められていること――それは、個と個の間で開かれた対話を積み重ねながら、人間らしく生きることの条件について一人ひとりが粘り強く思考することではないか。その営みの糧となるものが、教養に外ならないと私たちは考える。歴史とは何か、よく生きるとはいかなることか、世界そして人間はどこへ向かうべきなのか――こうした根源的な問いとの格闘が、文化と知の厚みを作り出し、個人と社会を支える基盤としての教養となった。まさにそのような教養への道案内こそ、岩波新書が創刊以来、追求してきたことである。

岩波新書は、日中戦争下の一九三八年一一月に赤版として創刊された。創刊の辞は、道義の精神に則らない日本の行動を憂慮し、批判的精神と良心的行動の欠如を戒めつつ、現代人の現代的教養を刊行の目的とする、と謳っている。以後、青版、黄版、新赤版と装いを改めながら、合計二五〇〇点余りを世に問うてきた。そして、いままた新赤版が一〇〇〇点を迎えたのを機に、人間の理性と良心への信頼を再確認し、それに裏打ちされた文化を培っていく決意を込めて、新しい装丁のもとに再出発したいと思う。一冊一冊から吹き出す新風が一人でも多くの読者の許に届くこと、そして希望ある時代への想像力を豊かにかき立てることを切に願う。

（二〇〇六年四月）